普通高等教育“十三五”规划教材

材料制备实验

王 旭 编著

北 京
冶 金 工 业 出 版 社
2019

内容简介

本书是将具体的制备技术结合材料学和物理、化学的原理来阐明材料的合成、结构、性能的应用型教材。本书共18个实验，并根据制备方法的不同将实验分为四部分：第一部分（实验1、实验2）介绍了高温固相法或传统固相烧结的制备方式；第二部分（实验3~实验5）介绍了溶胶凝胶法的制备方式；第三部分（实验6~实验13）介绍了溶剂热法的制备方式；第四部分（实验14~实验18）介绍了其他一些常见的制备方式。

本书可作为高等院校材料类相关专业的教材，也可供新材料、新能源材料和材料物理等领域的科技人员阅读或参考。

图书在版编目(CIP)数据

材料制备实验/王旭编著. —北京：冶金工业出版社，2019. 1
普通高等教育“十三五”规划教材
ISBN 978-7-5024-7925-1

Ⅰ.①材… Ⅱ.①王… Ⅲ.①材料制备—实验—高等学校—教材 Ⅳ.①TB3-33

中国版本图书馆CIP数据核字（2018）第275920号

出 版 人　谭学余
地　　址　北京市东城区嵩祝院北巷39号　邮编　100009　电话　(010)64027926
网　　址　www.cnmip.com.cn　电子信箱　yjcbs@cnmip.com.cn
责任编辑　杜婷婷　美术编辑　彭子赫　版式设计　禹　蕊
责任校对　郭惠兰　责任印制　牛晓波
ISBN 978-7-5024-7925-1
冶金工业出版社出版发行；各地新华书店经销；三河市双峰印刷装订有限公司印刷
2019年1月第1版，2019年1月第1次印刷
787mm×1092mm　1/16；7印张；168千字；99页
22.00元

冶金工业出版社　投稿电话　(010)64027932　投稿信箱　tougao@cnmip.com.cn
冶金工业出版社营销中心　电话　(010)64044283　传真　(010)64027893
冶金工业出版社天猫旗舰店　yjgycbs.tmall.com
（本书如有印装质量问题，本社营销中心负责退换）

前　言

材料制备实验技术是一门以实验为主的学科，对于新材料研发的重要地位不言而喻，这一教学环节是培养学生动手能力的重要组成部分，使学生在解决实际问题的过程中建立自己的专业知识体系。材料制备实验涉及内容广泛，它旨在结合具体的制备技术与材料学和物理学、化学的原理来阐明材料的合成、结构、性能的应用领域。

近年来，随着新材料和新能源技术的大力发展，许多国内高校增设了材料物理、新能源材料类专业，然而很多该专业的学生仍沿用材料学科的以材料工程为基础内容的实验教材，或者使用各学校老师自编的讲义。根据国家教育部高等院校教学指导委员会规划教材建设的精神，通过多年的教学实践和调查研究，同时结合盐城工学院“品牌专业”的特色，编写了这本实用性实验教材。

本书主要根据制备方法的不同将实验分为四部分，第一部分（实验 1、实验 2）介绍了高温固相法或传统固相烧结的制备方式，主要收集了常见陶瓷的相关制备实验；第二部分（实验 3～实验 5）介绍了溶胶凝胶法的制备方式，主要收录了关于光催化、荧光粉等的制备实验；第三部分（实验 6～实验 13）介绍了溶剂热法的制备方式，整理了热学、光学、电学磁学性能的相关制备实验；第四部分（实验 14～实验 18）介绍了其他一些常见的制备方式，收集了新材料及新能源材料的材料制备实验。

本书的主要特色是：注重基本概念和原理的准确描述，夯实学生材料实验的基础知识；结合材料实验技术的最新动态，使学生掌握最新实验技术；以实用性为主要原则，使学生通过本书的学习可以直接进行实验操作和相关数据的处理。

本书由盐城工学院王旭编著，参编人员有张霞、温永春、顾大国、张雅恒、张德伟以及其他专业系教师。本书在编写过程中，参考了其他院校的实验教材以及相应的著作、自编讲义、网络资源等。本书得到盐城工学院材料科学与工程学院领导的大力支持，以及“江苏高校品牌专业建设工程资助项目（项目编号：PPZY2015A025）”的资助，在此一并表示衷心的感谢。

由于编者水平所限，书中不妥之处，恳请广大读者批评指正。

编　者
2018年7月

目　　录

实验 1　高温固相法合成堇青石红外辐射材料

1.1　实 验 目 的

（1）掌握高温固相法制备材料的基本流程；

（2）掌握红外辐射材料的测试和分析。

1.2　实 验 原 理

1.2.1　堇青石简介

堇青石的化学式为 $Mg_2Al_4Si_5O_{18}$，其内部具有六元环结构，如图 1-1 所示，堇青石的化学式也可以用 $2Al_2O_3 \cdot 2MgO \cdot 5SiO_2$ 来表示。

它的主要化学组分（质量分数）为 MgO（13.79%）、Al_2O_3（34.88%）、SiO_2（51.34%）。它具有 α、β 以及 γ 三种不同的晶格类型：α-堇青石的晶格类型属于六方晶系，空间点阵为 P6/mcc；β-堇青石的晶格类型属于斜方晶系，空间点阵为 Cccm；μ-堇青石属于菱形晶相。不同的制备条件下会生成不同的晶格类型，从而影响堇青石单体或堇青石复合材料的物理化学特性。

一般人们根据自身的需求合成出具有优良特性的堇青石陶瓷材料，通常这些材料具有许多优点，例如：热膨胀性较低，抗热震性优良，机械强度较高，介电常数低，以及电阻率高等。随着堇青石材料制备工艺不断地改善，人工堇青石的物理化学特性也有较大的改善。

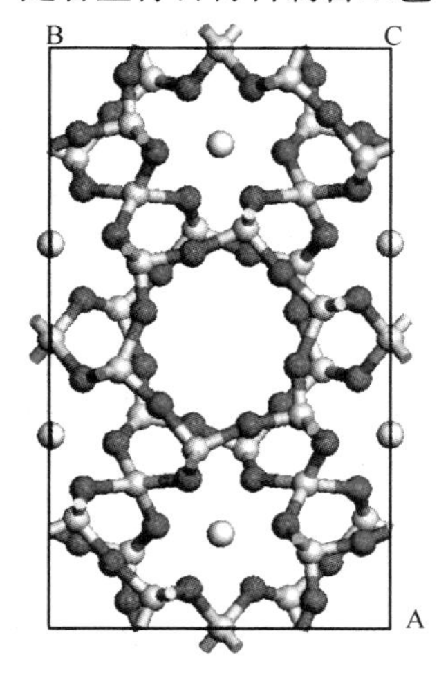

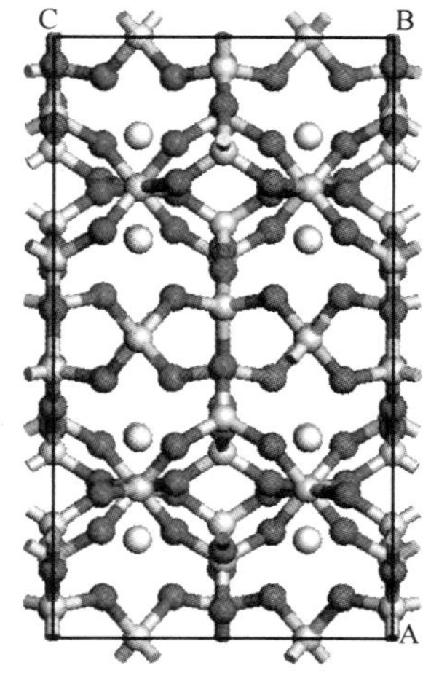

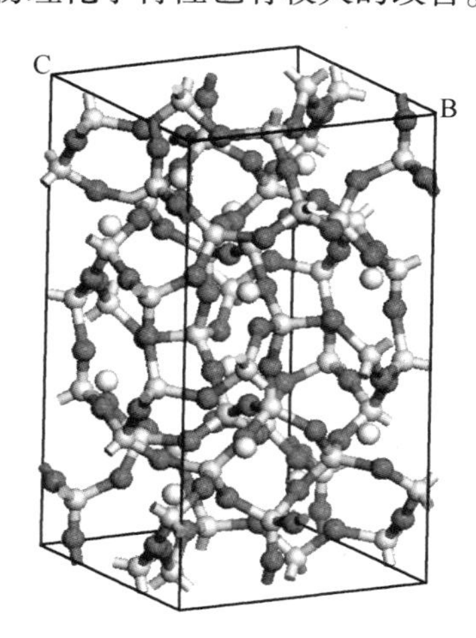

图 1-1　堇青石结构

1.2.2　堇青石红外陶瓷的发展

堇青石红外陶瓷是指以堇青石（$2Al_2O_3 \cdot 2MgO \cdot 5SiO_2$）为主要晶相且具有许多优良特性的一类高红外辐射陶瓷。

发展现状：自 19 世纪末期以来，红外辐射陶瓷材料一直被人们广泛关注，甚至有些早已实现了商品化。堇青石陶瓷以其优良辐射特性、较高热稳定性等优势成为一种非常重要的高红外辐射材料。

随着红外材料技术的飞速发展，红外陶瓷材料在我国工业生产及日常生活中的应用越来越广泛，从古老的干燥加热领域渐渐地向节能低碳材料、医疗保健及抗菌材料、建筑涂层材料、散热材料、红外辐射电热复合材料等领域发展。

前景展望：在未来几年内，堇青石高红外辐射陶瓷材料主要集中在以下几个方面：

（1）堇青石高红外纳米陶瓷材料的制备与研究；

（2）深入研究高红外堇青石陶瓷的红外辐射机制；

（3）制备并研究梯度堇青石陶瓷材料；

（4）堇青石陶瓷材料的复合，以及其功能多元化；

（5）发展先进的陶瓷制备工艺，并不断完善；

（6）开发并使用日用堇青石红外陶瓷，并推广日用堇青石陶瓷的使用。

1.2.3　红外辐射机理

材料红外辐射的产生条件：从理论上来讲，日常生活中基本上所有材料都具有红外辐射特性；但从科学的角度讲，红外辐射材料一般是指能够吸收热辐射并辐射出大量红外线的一类材料。

一般而言，红外材料中的短波段的红外辐射主要是受到其电子跃迁的影响，而在长波段的红外辐射则由晶格振动所决定。对于多数红外辐射材料而言，由于分子转动或振动而伴随着电偶极矩的对称性变化产生红外辐射，这就是其产生红外辐射的机制。

红外辐射产生的必要条件：对于双原子分子而言，产生红外辐射的必要条件是存在固有电偶极矩；对于多原子分子来说则要复杂一些，其是否能够产生红外辐射取决于晶体结构是否存在电偶极矩的变化。

黑体辐射率为 1。堇青石材料的红外辐射率是指堇青石的红外波段辐射总量与黑体的红外波段辐射总量的比值。同样的，半球辐射率为辐射体辐出度与黑体的辐出度比值，其具有两种表达方式（全发射率与光谱发射率），具体表示为：

半球全发射率：$\varepsilon_h = M(t)/M_b(t)$；

半球光谱发射率：$\varepsilon_h = M_\lambda(t)/M_{\lambda b}(t)$；

对应的来讲，也可以在与辐射材料表面平行方向成（$90°-\vartheta$）角的小立体角测量，这一发射率被人们称为方向发射率，同样它也有两种表示方法，具体表示为：

方向全发射率：$\varepsilon(\theta) = L/L_b$；

方向光谱发射率：$\varepsilon(\theta, \lambda) = L_\lambda/L_{\lambda b}$；

由能量守恒定律可得：$\alpha+\rho+\tau=1$；（吸收 α、透过率 τ 和反射率 ρ 三者之间的关系）

所以可得：$\alpha=\varepsilon$。（可由基尔霍夫定律求得）

因此，发射率可以作为堇青石陶瓷的红外辐射特性的测试表征中一个重要参考依据。

提高堇青石陶瓷近红外辐射率的理论依据：

为了提高材料的近红外辐射率，也就是说，降低材料在8~14μm波段的红外辐射率，并提高3~5μm波段的红外辐射率，由公式$\gamma = 1/\lambda$可知：要提高材料的近红外辐射率必须使γ变大。

一般而言，陶瓷内的原子之间的结合主要有离子键与共价键两种结合类型。其具有离子键与共价键的统一结合性，当然还有一些其他的综合类型。但无论其原子结合力性质怎样，其内部总是具有一定的相互作用的能量以及运动能量，因而在未发生辐射时固体中的电子和晶格离子总是处于确定的稳定能量状态。

采用双原子振动模型，即构成分子的两个原子各自做相反或相同的（近似）简谐运动，通过解其质量的运动方程可以得到谐振子的振动频率γ_0为：

$$\gamma_0 = \frac{1}{2\pi}\sqrt{\frac{k(m_1 + m_2)}{m_1 m_2}} = \frac{1}{2\pi}\sqrt{\frac{k}{\mu}}$$

式中　μ——折合质量。

因此，要使γ_0变大就必须使其弹性模量k变大或使其折合质量μ变小。由于堇青石陶瓷的基本元素为Mg、O、Al、Si，属于相对原子质量较轻的元素，因此，首先考虑Mg、O、Al、Si附近的相对原子质量较轻元素且弹性模量k变大的一些元素。考虑到只有离子半径相差±15%，所以如Cr（铬）、V（钒）、Fe（铁）、Ti（钛）、Zn（锌）、Co（钴）、Ni（镍）、Cu（铜）、Mn（锰）等一些元素可以替换对应原子（本课题暂选择这几种常见元素作为掺杂因子）。

根据固体物理中相关知识，对于离子晶体而言，弹性模量可以由内能函数决定（共价晶体可以近似等价于离子晶体）。通过相应的公式进行计算可得，在平衡状态下离子晶体的弹性模量k可以表示为：

$$k = \frac{1}{18}\left\{-\frac{2A}{r_0^3} + \frac{n(n+1)B}{r_0^{n+1}}\right\} = \frac{(n-1)\alpha q^2}{4\pi\varepsilon_0 \times 18 r_0^4}$$

式中，α为马德隆常数，其与堇青石的晶格类型有关，所以为定值；n为排斥力参数，变化不大可以忽略；q为离子所带电荷；r为离子半径，它们对应的指数相对较固定，所以q与r为最主要的影响因素。

同样地，对于共价晶体来讲，其可以近似等价于离子晶体，也可以得到相同的结论。

所以，由图1-2可知：在原始堇青石中掺杂Fe、Ni、Cu、Zn、Co等离子有可能提高材料的近红外辐射的辐射率。

1.2.4 常用制备工艺

在实际生产与应用中，为了满足市场对堇青石产品越来越广泛的需求，人们对传统的陶瓷制备工艺不断地改善，降低成本、提高质量，以研发出新的陶瓷产品，并使其得以推广。

固相烧结法是制备堇青石陶瓷的一种简单且实用的方法，这种制备方法主要是指在固相条件下制备陶瓷的一种工艺技术。

与溶胶凝胶法相比，这种方法的实验过程工艺简单、成本较低、原料广泛、效率高，因而它能适合实际生产。但这种方法也存在许多不足，如它的烧结温度较高、能耗非常

Mg 136 M^{2+} 65											Al 118 共 118 M^{3+}50	Si 117 共 118 M^{4+}42
Ca 174 M^{2+} 99	Sc 144 M^{3+} 81	Ti 132 M^{2+} 90 M^{3+} 76 M^{4+} 68	V 122 M^{2+} 88 M^{3+} 74	Cr 118 M^{2+} 84 M^{3+} 69	Mn 117 M^{2+} 80 M^{3+} 66	Fe 117 M^{2+} 76 M^{3+} 64	Co 116 M^{2+} 74 M^{3+} 63	Ni 115 M^{2+} 72 M^{3+} 62	Cu 117 M^{+} 96 M^{2+} 72	Zn 125 M^{2+} 74	Ga 126 共 126 M^{+} 113 M^{3+}62	Ge 122 共 122 M^{4+} 53 M^{2+} 73
Sr 191 M^{2+} 113	Y 162	Zr 145 M^{4+} 80	Nb 134 M^{5+} 70	Mo 130 M^{6+} 62	Tc 127	Ru 125 共 125 M^{2+} 81	Rh 125 共 125 M^{2+} 80	Pd 128 共 128 M^{2+} 85	Ag 134 M^{+} 126 M^{2+} 89	Cd 148 M^{2+} 97	In 144 共 144 M^{+} 132 M^{3+} 81	Sn 140 共 141 M^{4+} 71 M^{2+} 93

图 1-2　部分原子、离子半径表

大、成本较昂贵，这些因素都制约这一工艺技术广泛应用与不断发展，需要对这一工艺技术进行改善。

1.2.5　研究的主要内容

（1）研究预烧处理、烧结温度以及保温时间对堇青石红外陶瓷微观结构和红外辐射特性的影响，制定最佳制备工艺。

（2）研究掺杂离子的加入对堇青石基陶瓷红外辐射特性的影响，确定最佳掺杂离子和最佳掺杂量。

工艺路线：根据传统的堇青石陶瓷固相烧结的方法，将其制备工艺不断优化与改进，制定的工艺流程如图 1-3 所示。

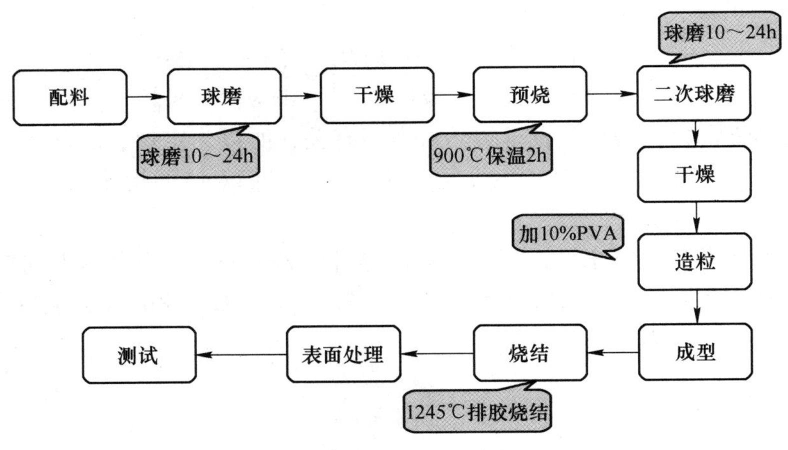

图 1-3　实验工艺路线

1.3　实验耗材及仪器设备

主要原材料见表 1-1。

表 1-1 制备的主要原材料

名称	分子式	原料品质	相对摩尔质量	原料生产厂家
碱式碳酸镁	$4MgCO_3 \cdot Mg(OH)_2 \cdot 5H_2O$	分析纯	485.80	上海山浦化工
氧化铝	Al_2O_3	分析纯	102.00	国药集团
二氧化硅	SiO_2	分析纯	60.08	天津市大茂化学试剂
聚乙烯醇	1750	分析纯	44.05 * n	国药集团
无水乙醇	CH_3CH_2OH	分析纯	46.07	上海中试化工
二氧化钛	TiO_2	分析纯	79.87	国药集团
氧化钐	Sm_2O_3	分析纯	349.00	国药集团
氧化铜	CuO	分析纯	79.55	国药集团
九水硝酸铁	$Fe(NO_3)_3 \cdot 9H_2O$	分析纯	404.00	国药集团
五水乙酸钴	$C_4H_6CoO_4 \cdot 5H_2O$	分析纯	249.08	国药集团
五水乙酸镍	$C_4H_6NiO_4 \cdot 5H_2O$	分析纯	248.84	国药集团
其他	—	分析纯	—	—

实验需要用到的仪器见表 1-2。

表 1-2 主要的实验仪器

仪器名称	型号	厂 家
超级恒温水浴锅	HH-601	江苏省金坛市融化仪器制造有限公司
节能箱式电炉	SX-G02123	天津市中环实验电炉有限公司
双波段发射率测量仪	IR-2	上海诚波光电技术科技有限公司
数显恒温磁力搅拌器	HJ-6A	江苏省金坛市金城国胜实验仪器厂
电热鼓风干燥箱	SD101-IAS	南通博斯科仪器设备有限公司
X 射线衍射仪	DX-2700	丹东衍射集团
电子分析天平	FA2204B	上海精密科学仪器有限公司
粉末压片机	469YP-40C	天津市科器高新技术有限公司

1.4 实 验 步 骤

（1）配料：每组分别配制 20g 的料，通过计算算出原料（碱式碳酸镁、氧化铝、二氧化硅）以及掺杂物（二氧化钛、氧化钐、氧化铜、九水硝酸铁、五水乙酸钴、五水乙酸镍）所需质量，称取试剂并混合均匀。

（2）一次球磨：将配料装入球磨罐，在 400r/min 的转度下球磨 12~24h。（质量比为粉料：大球：小球：蒸馏水=1：0.5：0.5：1.5）

（3）烘干：将浆料取出球磨罐，除去其中的氧化锆球，在 180℃左右的条件下烘干。

（4）过筛：过 180μm（80 目）筛。

（5）预烧：用刚玉坩埚为承烧器将物料放入马弗炉内，在 900℃的条件下预烧 2h。

（6）二次球磨：将物料装入球磨罐，在400r/min的转度下球磨12～24h。（质量比为粉料：大球：小球：蒸馏水=1：0.5：0.5：1.3）

（7）烘干：将浆料取出球磨罐，除去其中的氧化锆球，在180℃左右的条件下烘干。

（8）过筛：过250μm（60目）筛。

（9）造粒：将物料倒入250mL烧杯中，多次加入2g的5% PVA（5g的1750聚乙烯醇+95mL的蒸馏水）不停地搅拌均匀，直到粉料呈现“流沙状”，且不粘杯壁。

（10）烘干：将已加PVA的物料放入烘箱烘干，大约100℃下15min。

（11）过筛：过250μm（60目）筛。

（12）压片：用分析天平称取3g的粉料，装入直径为12mm的金属模具中，在约6MPa的压强下压片，静压2min。

（13）排胶烧结：在1245℃的高温条件下保温规定时间（一般为4h）。

1.5　样品测试与分析

（1）用双波段发射率测量仪测量试样的红外发射率，测试红外发射率；

（2）XRD表征；

（3）不同掺杂样品红外辐射性能比较；

（4）工艺制度对性能的影响；

（5）其他指标。

1.6　注意事项

（1）注意实验室实验中按照指导老师要求实验；

（2）注意实验过程中的安全，如电、水、火，实验中的试剂如酸、碱的使用；

（3）注意实验结束后卫生打扫等。

参考文献

[1] 钱壬章. 传热分析与计算［M］. 北京：高等教育出版社，1987.

[2] 王峰，钱学强，李小伟，等. 高红外辐射陶瓷材料的研究进展［J］. 硅酸盐通报，2015（1）：143-148.

[3] 潘儒宗，蔡中伟. 铬酸镧基材料的结构及其与红外辐射性能的关系［J］. 武汉理工大学学报，1993（3）：13-19.

[4] 韩召，刘鹏飞，李小伟，等. 利用Ca^{2+}掺杂增强钙钛矿型$LaFeO_3$的红外发射率［J］. 过程工程学报，2018（1）：154-158.

[5] Shen X，Xu G，Shao C. The effect of B site doping on infrared emissivity of lanthanum manganites $La_{0.8}Sr_{0.2}Mn_{1-x}B_xO_3$（B=Ti or Cu）［J］. Journal of Alloys & Compounds，2010，499（2）：212-214.

[6] Zhang J，Fan X，Lu L，et al. Ferrites based infrared radiation coatings with high emissivity and high thermal shock resistance and their application on energy-saving kettle［J］. Applied Surface Science，2015，344：223-229.

[7] 潘儒宗，蔡中伟. 铬酸镧质红外辐射导电材料的研制［J］. 红外技术，1993（5）：8-11.

[8] Liu H Z, Ouyang J H, Liu Z G, et al. Thermo-Optical Properties of La $MAl_{11}O_{19}$ (M = Mg, Mn, Fe) Hexaaluminates for High-Temperature Thermal Protection Applications [J]. Journal of the American Ceramic Society, 2011, 94 (10): 3195-3197.

[9] 徐庆，陈文，袁润章. Fe-Mn-Co-Cu 体系尖晶石的结构和红外辐射特性 [J]. 矿物学报，2001，21 (3): 385-388.

[10] Wang H, Ning X, Wang Q, et al. Preparation and properties of high emissivity Fe-Mn-matrix coatings by air plasma spraying [J]. Material Research Innovations, 2015, 19 (S4): S29-S33.

[11] Cheng X D, Min J, Zhu Z Q, et al. Preparation of high emissivity Ni Cr_2O_4 powders with a spinel structure by spray drying [J]. International Journal of Minerals Metallurgy & Materials, 2012, 19 (2): 173-178.

[12] Liang K. Crystallization behavior and infrared radiation property of nickel-magnesium cordierite based glass-ceramics [J]. Journal of Non-Crystalline Solids, 2008, 354 (14): 1522-1525.

[13] 刘晓芳，张枫，孙华君，等. 合成方法对堇青石的结构和红外辐射性能的影响 [J]. 陶瓷学报，2002，23 (2): 99-101.

实验 2　透明铌酸钾钠压电陶瓷的制备与性能

2.1　实验目的和要求

（1）熟悉透明陶瓷的制备方法；

（2）测试不同颗粒度粉体对烧结温度及烧结性能影响；

（3）测试该体系不同颗粒度陶瓷的压电系数等性能参数，并探究性能参数与烧结温度的关系。

2.2　实 验 原 理

压电材料不仅仅包括钛酸铋这类压电单晶体，还包括锆钛酸铅等压电陶瓷。压电陶瓷因具有较低的制作成本、较为成熟的制备加工手段、更为优异的性能等原因被广泛研究，从而实现生活中的应用。目前市场运用最广的是铅基陶瓷如二元系 $PbZrO_3$-$PbTiO_3$ 陶瓷，实验研究最广的是无铅陶瓷如铌酸钾钠（KNN）。

一般来说陶瓷很少有透明的，为提高透明度，主要根据以下方面进行改善：（1）降低陶瓷气孔率，陶瓷变透明；（2）优化粉末的晶体结构，最好为立方晶系，各向同性，实现透明化；（3）尽量减少晶界、杂质、缺陷等，防止光折射等现象严重；（4）使用高纯物质并运用特殊手段制备；（5）测试表现出的误差随陶瓷光洁度提高而降低。制备透明陶瓷的两大重点在于保证陶瓷的高纯度和高致密度，使用高纯度的先驱体粉料可确保陶瓷的高纯度，采用热等静压、放电等离子烧结等先进工艺可得到高致密度陶瓷。因此，为得到性能优良的透明陶瓷材料，制备的各个过程都必须要小心谨慎，有效控制影响因素。

2.3　实验设备和材料

实验原料见表 2-1。

表 2-1　实验原料

原料名称	化学式	纯度	浓度/%	生产厂家
碳酸钾	K_2CO_3	分析纯	≥99.00	国药集团化学试剂有限公司
碳酸钠	Na_2CO_3	优级纯	≥99.8	国药集团化学试剂有限公司
碳酸锂	Li_2CO_3	高纯	≥99.99	国药集团化学试剂有限公司
碳酸钙	$CaCO_3$	分析纯	≥99.00	国药集团化学试剂有限公司
二氧化锡	SnO_2	化学纯	≥99.5	国药集团化学试剂有限公司
五氧化二铌	Nb_2O_5	高纯	≥99.99	国药集团化学试剂有限公司

实验仪器及设备见表 2-2。

表 2-2 实验仪器及设备

名称	型号	生产厂家
箱式电炉	KSL-1200X	合肥科晶材料技术有限公司
电子分析天平	FA2204B	上海精科天美科学仪器有限公司
行星式球磨机	QM-3SP2	南京大学仪器厂
粉末压片机	769YP-40C	天津市科器高新技术公司
电热鼓风干燥箱	DHG-9075A	上海一恒科学仪器有限公司
全自动比表面积及孔隙分析仪	Tristar Ⅱ 3020 SIN 604	上海仪器有限公司
扫描电子显微镜	QUANTA200	FEI
X 射线衍射仪	DX-2700	丹东方圆仪器有限公司
集热式恒温加热磁力搅拌器	DF-101S	天津华鑫仪器有限公司
耐电压测试仪	YD2673A	常州市扬子电子有限公司
宽频 LCR 数字电桥	U1733C	Agilent Technologies
d_{33}准静态测量仪	YE2730A	江苏联能电子技术有限公司

2.4 实验内容和步骤

样品的制备工艺流程如图 2-1 所示。

具体实验步骤如下。

2.4.1 配料

配料在陶瓷制备过程中是一道非常重要的环节，在陶瓷制备的过程中会涉及多种不同的掺杂氧化物，它们的微小变化均会对最后样品的结构、性能带来很大的影响，所以每种原料均需要做到精确称量，以达到最小的误差。实验中，首先将实验用到的原料放入烘箱中在 120℃烘干 2h，之后按照配方计算的化学计量比趁热称量，以求最大限度地减少 K_2CO_3、Na_2CO_3 等碱金属氧化物的潮解。称量的精确度为 0.0001g。称量过程中先称质量最多的原料，再称量质量相对较少的几种原料，最后称量质量倒数第二多的，以保证得到的原料充分均匀。本实验按总质量 80g 来称量，具体的原料称量见表 2-3。

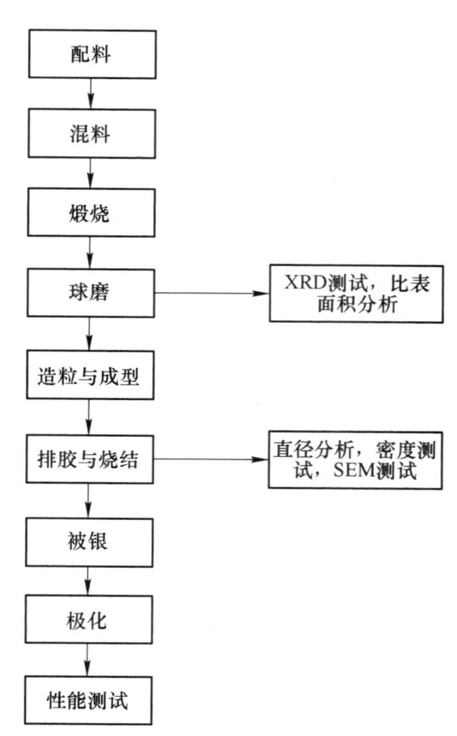

图 2-1 透明 KNN 基压电陶瓷制备及性能研究流程图

2.4.2 混料

混料的目的是为了将各种原料充分混合均匀，

以便于合成所需的物相。上述准备过程就绪后，把原料按顺序放入装有氧化锆球的球磨罐中，为了提高最后样品的压电性能，在球磨罐中加入球磨介质——无水乙醇作为溶剂，一般以充分浸没粉体之后 1~2cm 为宜，介质不能太多或者太少，否则就得不到理想的球磨效果。将装料完成之后球磨罐放入到行星式球磨机中，用钢管拧紧，然后以 300r/min 的转速先球磨 3h，再以 200r/min 的转速球磨 3h，以达到上下层充分均匀的效果。球磨完之后，将浆料倒入托盘中，放到 80℃ 的烘箱中烘干，最后将烘干后的配料过 250μm（60 目）筛，放入坩埚中准备下一阶段的预烧。

表 2-3　KNN 压电陶瓷配料

原料	组　分			
	$X=0.95$	$X=0.96$	$X=0.965$	$X=0.97$
Na_2CO_3	11.0784	11.1319	11.1588	11.1856
K_2CO_3	13.0196	13.1467	13.2103	13.2741
Li_2CO_3	0.0377	0.0302	0.0265	0.0227
TiO_2	1.6320	1.3076	1.1450	0.9822
Bi_2O_3	2.3805	1.9072	1.6701	1.4326
Sb_2O_3	2.8297	2.8637	2.8808	2.8979
Nb_2O_5	49.0221	49.6126	49.9085	50.2048

2.4.3　预烧

预烧是为了将原先机械球磨之后的氧化物原料发生化学反应而生产所需的物相结构的化学过程，预烧过程中使颗粒致密化，并且减少在最后陶瓷胚体的烧结过程中的收缩量。预烧的目的除了上述之外还有就是去除生料中的结合水和 CO_2 以及改变生料的物理状态，以去除原料中的一些挥发性杂质，从而达到提纯的目的。预烧过程中存在的主要问题是如何选择合适的合成条件。低温反应如果不够充分，主晶相的形成也会随之不好；温度太高，则材料变得很硬，不易后面的研磨和过筛，从而减少原材料的活性，导致最后的烧结所需高温区变窄。

本实验过程中，将充分混合好的原料放入事先准备好的托盘中进行烘干，以排除其中的乙醇，然后再过筛，将过筛后的陶瓷粉体放入氧化铝坩埚中，在合适的温度下预烧。根据已有的文献报道和指导老师的建议，预烧温度初步选择为 850℃，保温时间为 2h。然后将预烧完的粉体进行 X 射线衍射以分析其晶型结构是否达到所需的钙钛矿结构，以方便下一步的操作。

2.4.4　二次球磨

为了获得较细的颗粒，需将预烧好的粉体放入研钵中再进行研磨，然后装入尼龙罐中准备第二次球磨，球磨条件仍为 300r/min，球磨时间为 4h，再以 200r/min 的转速球磨 3h，以达到上下层混合均匀。二次球磨的目的是为了给成型创造一个有利的条件，同时提高粉料的活性，从而有利于烧结。最后将球磨好的粉料倒入事先准备好的托盘中，然后送入烘箱中于 80℃ 下烘干，然后通过 250μm（60 目）筛，将最后得到的粉末放入塑料袋中，编号以备用。

2.4.5 成型

（1）造粒。造粒通常是陶瓷制备过程中的一个必不可少的工艺。陶瓷粉体的尺寸一般都十分小（一般为几个微米到几十个微米之间），其颗粒的表面活性都比较大，其表面吸附的气体越多，流动性越不好。另外，当颗粒的比表面积增大时，由于其流动性较差，易造成颗粒团聚，使得成型过程中粉料不能上下均匀混合，容易造成密度不均匀、上下层易开裂、边角处不够致密等问题。所以为了能够得到具有一定的机械强度的陶瓷片，常常需要将已经磨得非常细的粉料进行干燥、加黏合剂 PVB，即所谓的造粒。

（2）压片。成型所用的压力的大小直接关系到陶瓷胚体的密度和收缩率，压力过小则瓷体收缩率大，样品密度变小；成型压力大则容易使瓷体产生开裂、分层和难以脱模等问题。所以在实验过程中，应根据制得的样品的好坏选择在压力，最终选择在 4MPa 下持续 1min 制备直径和厚度分别约为 13mm、1mm 的圆形试样。

2.4.6 排胶、烧结

（1）排胶。在成型时使用了黏合剂，在排胶时如果排除不够充分，这些黏合剂就会在陶瓷片的烧结过程中由固态转变为液态或者气态，从胚体中逸出，从而在陶瓷胚体中留下一些气孔，会对压电陶瓷的烧结带来不好的影响。所以在排胶过程中，升温速率不能过快，且升温的速率和保温的时间显得尤为重要。本实验准备采用多阶段的温度来排胶，以达到完全排胶的效果。具体排胶温度如图 2-2 所示。

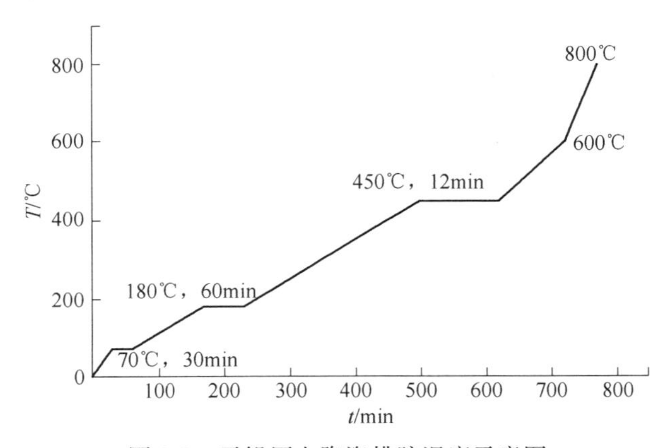

图 2-2 无铅压电陶瓷排胶温度示意图

（2）烧结。烧结的目的主要是通过很高的温度使压制好的压电陶瓷片能够致密化，实现当初判断的物理化学反应，从而达到要求的物理化学性能的全过程。这个步骤一般由三个环节组成：从常温升到事先预定的最高温度的升温阶段；达到最高温后恒温一段时间的保温阶段；以及最后从最高温度冷却到室温的降温阶段。

升温阶段的主要目的是把有机黏合剂蒸发掉，并将其中的一些尚未去除的结晶水和结构水去除，以及一些未完全分解掉的碳酸盐分解掉，此过程还伴随着晶型的转变等变化。除此之外，其他的过程中还有大量的气体从中排出，所以这个时候升温的速率不宜过快，不然会对陶瓷片结构造成破坏，引起多孔、畸变和裂缝等问题。

陶瓷胚体成瓷的关键阶段是在保温阶段，因为在这一阶段陶瓷的各组分将进行各种物理的、化学的和物理化学反应，以获得致密的陶瓷片。由于各种陶瓷配料不同，其烧结的温度范围也不同，只有当陶瓷胚体处于适当的温度范围内时，陶瓷胚体的致密性才会达到最优，晶粒尺寸达到最佳，压电性能也良好；而当低于或者高于这个最佳温度范围时，就会出现使陶瓷胚体的气孔率增大、致密性变差、压电性能降低等问题。所以在实验过程中，务必掌控好其烧成时所需的最高温度和恒温所用时间。

降温阶段是液相凝固、析晶和相变等过程。采用什么样的方式冷却，以及降温时速率的大小都会对无铅压电陶瓷最后的晶相、形貌和特性产生很大的影响。冷却的方式有随炉慢冷、随炉快冷、淬火急冷和分阶段保温冷却等多种方式，本实验采用的是随炉冷却的方法。

在确定好要烧结的温度和保温时间后，将压制好的生片试样放入氧化铝坩埚板上，用氧化锆粉铺垫。为了减少压电陶瓷中碱金属氧化物的挥发，本实验采用叠加法将陶瓷片一一叠加起来，然后将坩埚盖倒扣在坩埚板上，分别在1080℃、1110℃、1140℃、1150℃、1155℃下进行烧结。在烧结的过程中，900℃以下的低温阶段，一般采用5℃/min的升温速率来快速加热，900℃至最终设定的温度时则采用缓慢升高温度的方式，以2.5℃/min速率缓慢上升，达到最高温度后恒温1h，然后关闭电闸，让样品在炉膛内自然冷却至室温。

2.4.7　样品烧结后的处理

将烧结之后的陶瓷片进行径向测量，以计算其尺寸收缩率进一步缩小其烧结温度，从而找出其最佳的烧结温度。

由于压片时多多少少会造成陶瓷片的厚度不均匀，所以要对烧结完成之后的陶瓷片进行磨片、抛光以达到厚度在1mm之内的要求。

将在不同温度下烧结的陶瓷片进行打磨抛光后，采用烧渗的方法对陶瓷片的表面进行被银。根据实验室的条件，采用毛笔对陶瓷片上下面刷上厚度均匀的银浆料。实验中先对陶瓷片的一面进行刷银，然后放入烘箱中于120℃下烘干，烘干后再进行另一面的刷银。根据前人总结的一些经验，本实验中烧银温度确定为820℃，保温时间为30min，以保证银电极能够和陶瓷片结合牢靠。最后将烧银完全的陶瓷片的侧面的银浆用砂纸打磨掉，以防止在极化时将陶瓷片击穿。然后测试其厚度和直径，为接下来后面的计算做准备。被银完成后的陶瓷片通常是不具有压电效应的，因为陶瓷片内部的电畴大多处于杂乱无序的状态，所以要对其进行极化处理，以使其内部的电畴在外加直流电场的作用下作定向排列，从而显示出压电效应。本实验中所采用的极化装置为YD2673A型的耐电压测试仪，为了防止压电陶瓷被击穿，采用在油浴的条件下用不同的极化电场来极化，探究KNN压电陶瓷的压电性能。

2.5　实验注意事项

（1）注意实验室实验中按照指导老师要求实验；

（2）注意实验过程中的安全，如电、水、火，实验中的试剂如酸、碱的使用；

（3）注意实验结束后卫生打扫等。

参 考 文 献

[1] Jaffe B, Roth R S, Marzullo S. Piezoelectric properties of lead Zirconate-Titanate solid-solution ceramics [J]. J Appl Phys, 1954, 25 (6): 809-810.

[2] Xu Wang, Renli Fu, Yue Xu. Crystal structure and microwave dielectric properties of ($Ba_{1-\alpha}Sr_{\alpha}$) $Sm_2Ti_4O_{12}$ solid solutions [J]. Journal of Materials Science: Materials in Electronics, 2016, 27 (11): 11137-11141.

[3] Rodel J, Jo W, Seifert K T P, et al. Perspective on the development of lead-free piezoceramics [J]. J Am Ceram Soc, 2009, 92 (6): 1153-1177.

[4] Xiao D Q. Environmentally conscious ferroelectrics research present and prospect [J]. Ferroelectrics, 1999, 231: 133-141.

[5] Yue Xu, Renli Fu, Simeon Agathopoulos, et al. Influence of rare earth substitution in $Ca_{0.66}Ti_{0.66}R_{0.34}Al_{0.34}O_3$ (R=La, Sm, Nd) ceramics on crystal structure and microwave dielectric properties [J]. Journal of Alloys and Compounds, 2017, 693: 454-461.

[6] Egreton L, Dillom D M. Piezoelectric and dielectric properties of ceramics in the system Potassium-sodium niobate [J]. J Am Ceram Soc, 1959, 42: 438-442.

[7] 黎露. 铌酸钾钠基无铅压电陶瓷的制备及其电学性能研究 [D]. 湖南：湘潭大学，2011.

[8] 杨鹏远. 铌酸钾钠基无铅压电陶瓷制备与性能研究 [D]. 北京：华北电力大学，2011.

[9] Dswson W J. Hydrothermal synthesis of advanced ceramic powders [J]. Ceram Bull, 1988, 67 (10): 1673-1678.

[10] 张雷，沈建兴，李传山，等. 无铅压电陶瓷制备方法研究进展 [J]，硅酸盐学报，2007，26（5）：957-961.

[11] 吕会芹，武丽明，王淑婷，等. KNN 基无铅压电陶瓷的研究进展 [J]. 聊城大学学报（自然科学版），2012，25（2）：43-47.

[12] Bomlai P, Wichianrat P, Muensit S, et al. Effect of calcination conditions and excess alkali carbonate on the phase formation and particle morphology of $K_{0.5}Na_{0.5}NbO_3$ powders [J]. J Am Ceram Soc, 2007, 90 (5): 1650-1655.

实验3　sol-gel 法纳米材料（TiO_2 粉体或薄膜）的制备

3.1　实验目的

（1）掌握 sol-gel 法制备纳米材料的基本流程；

（2）掌握热处理工艺对 TiO_2 粉体晶型以及光催化性能的影响。

3.2　实验原理

3.2.1　实验研究的目的与意义

在经济飞速发展的今天，人类的生活质量日益提高，环境污染越来越受到人们的关注。物质文明越来越先进的同时，自然环境问题也日益严峻，空气质量下降、水污染严重、土壤遭到破坏等严重影响了人类的生活起居。目前，全世界对于环境问题给予了高度关注，人们一直在寻找治理环境污染的办法，比如采用物理吸附法、高温焚烧法、化学氧化法及微生物处理法。虽然这些方法在不同程度上解决了一定的环境污染问题，但是并不尽如人意。比如，它们无法从根本上去除污染物，经过处理之后依然会产生二次污染物，导致环境的二次污染；其次，这些方法普遍存在效率低、适用范围有限的问题，在实际应用中有很大的局限性。

最近几十年人们一直在研究既能降低成本，又能提高效率，还能彻底去除污染物的新型的污染治理技术。利用半导体材料的光催化性能去除环境中各种污染物的课题也顺理成章地成为众多科学家研究的焦点。室温下，一些很多化学法和生物法无法去除的有机物能够被半导体光催化剂彻底分解为二氧化碳和水，无残留，不会生成二次污染物。值得一提的是它能够直接利用太阳光和荧光灯中含有的紫外光作激发源，从而利用太阳能来净化环境。半导体光催化剂不仅能降解环境中的有机物，而且可氧化大气中的氮氧化物和 SO_2 等有毒气体；另外，半导体光催化剂在杀菌、除臭、防污等方面具有令人瞩目的成效，可深层次净化、改善我们的生活环境。

半导体光催化技术以半导体材料由禁带分隔开的价带和导带的结构为基础。当光子以高于半导体禁带宽度的能量照射半导体表面时，半导体材料中的电子会突破禁带从价带跃迁到导带，产生光生电子-空穴对，光生电子-空穴通过与半导体颗粒表面的溶解氧和水等的作用，可形成具有强氧化还原性的超氧负离子和氢氧自由基，能氧化绝大多数物质，直至将其氧化变成二氧化碳和水。

二氧化钛的禁带宽度约为 2.145eV，TiO_2 的晶格常数 $a = 3.7842$，$b = 3.7842$，$c =$

9.5146。纳米 TiO_2 是一种 N 形半导体材料，晶粒尺寸介于 1～100nm。二氧化钛是白色固体或粉末状的两性氧化物，俗称钛白粉，在光照下可以将有机物催化分解成 CO_2 和水，因此可用作光催化剂，净化空气和污水。二氧化钛光催化活性高，化学性质较稳定，对生物无毒副作用，并且在可见光区无吸收。二氧化钛一般分为锐钛矿型、板钛矿型和金红石型三种晶型。就物理性质来说，锐钛矿晶型和金红石晶型 TiO_2 的结构均属于四方晶系，但其晶格不同，如图 3-1 所示。TiO_2 在自然界中有三种存在形式，即锐钛矿性、板钛矿型和金红石型。三种晶型中板钛矿型不常见，应用较广的是金红石和锐钛矿型。金红石型 TiO_2 晶体相对于锐钛矿型晶体来说，其单位晶胞较小、排列紧密，因此稳定性较好、质地坚硬；晶体的折射率和硬度也较高，导热性能低。在 TiO_2 的三种晶型中，金红石型是唯一的稳定相，即使在高温条件下也不易分解。相比之下，锐钛矿型属于亚稳态相，经过高温焙烧会转变成金红石相，并且反应不可逆转。就化学性质来讲，二氧化钛极为稳定，在常温状态下几乎不与任何化合物反应，如 O_2、NH_3、N_2、CO_2、SO_2、H_2S 等。二氧化钛仅溶于氢氟酸，不溶于其他任何酸。只有在长时间的高温沸腾下才能够溶于浓硫酸、微溶于热硝酸和碱，这是很多材料所无法企及的特性。

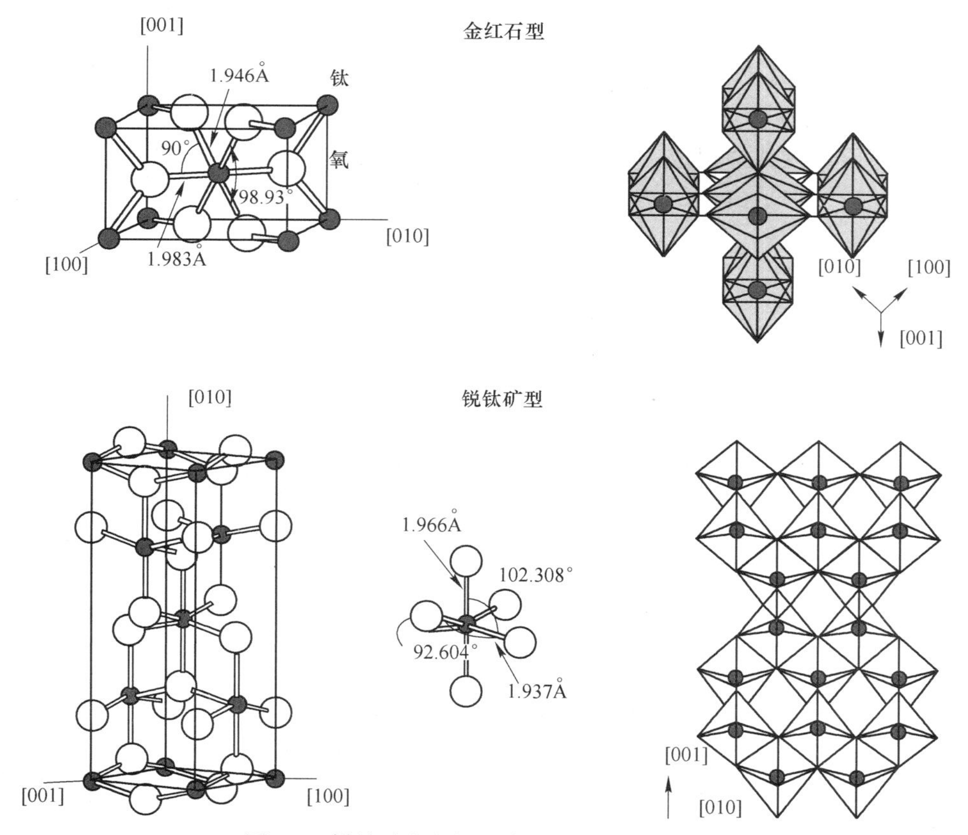

图 3-1 锐钛矿和金红石晶型 TiO_2 结构示意图

3.2.2 纳米 TiO_2 的制备方法

溶胶凝胶法：通常将包含有大分子或小颗粒，并且介于低相对分子质量物质的真实溶液和粗制悬液之间的分散系称为溶胶。粗略而言，溶胶颗粒被认为至少有一维介于2～200nm、包含103～109个原子的颗粒。凝胶是大量的溶剂分子通过一些力学条件固定在一起的类似固体的结构。溶胶-凝胶法是液相合成制备纳米二氧化钛的典型方法。溶胶-凝胶中，通过前驱体（通常是无极金属盐或金属有机化合物，如金属醇盐）的水解及聚合反应形成胶状悬浮体或溶胶。完全的聚合或是脱去溶剂后，溶胶会转变为固态溶胶。以钛醇盐为原料，加酸使其形成溶胶，进一步缩聚得到浆状胶粒，经干燥加热处理得到二氧化钛纳米粒子。由于反应不引进杂质离子，故纯度较高，而且在严格工艺条件下可得到粒径小且分布均一的颗粒。利用溶胶凝胶法制备的二氧化钛的优点有很多：温度要求低、操作简单、颗粒粒径小、分散性好等；但其依然存在制备成本较高，加热过程中溶胶的体积收缩明显，制得的二氧化钛易团聚等局限性。具体流程图如图3-2所示。

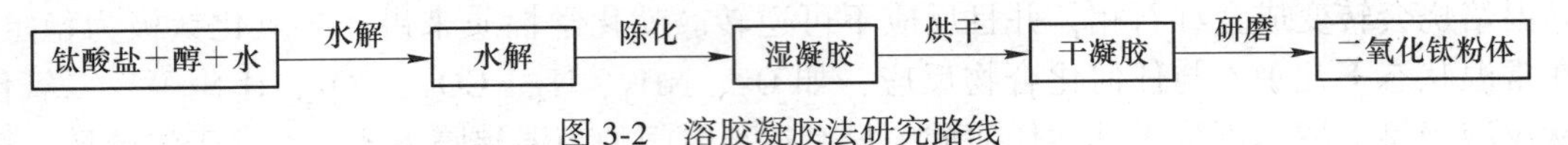

图3-2 溶胶凝胶法研究路线

TiO_2 三种晶体结构：金红石、锐钛矿、板钛矿。这些结构的共同特点是它们的组成结构的基本单位是 TiO_6 八面体，如图3-3所示。

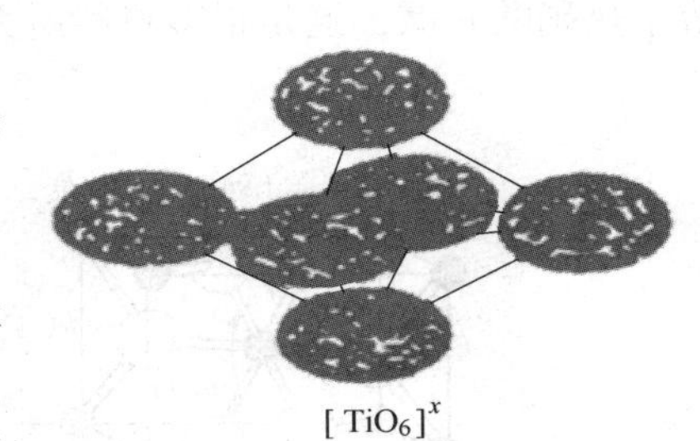

图3-3 TiO_2 晶体结构的基本单位

而它们的区别在于金红石和板钛矿的结构是由 TiO_6 八面体共顶点且共边组成，是稍有畸变的八面体结构，而锐钛矿结构是由 TiO_6 八面体共边组成，可以看作是一种四面体结构。金红石、锐钛矿和板钛矿的基本结构单元如图3-4所示。

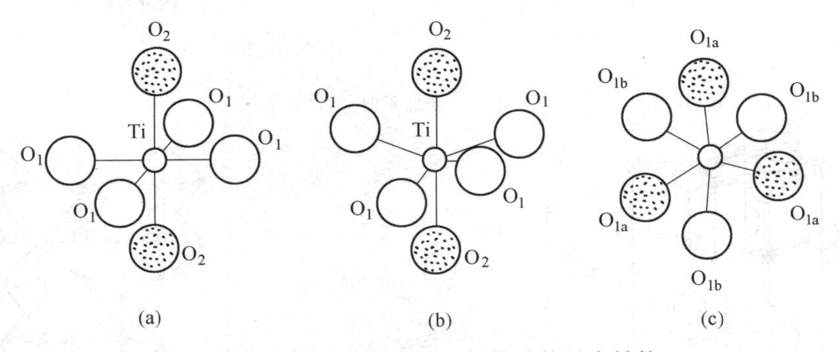

图3-4 金红石、锐钛矿、板钛矿的基本结构

图3-4（a）中的金红石的 Ti-O_1 的键长比 Ti-O_2 键长略长，但是 O_2-Ti-O_1 的键角没有变化，仍维持在90°。图3-4（b）锐钛矿相中，组成金红石的八面体的两个 O_1 沿着四重轴的方向进一步畸变，因此锐钛矿八面体中的 O_2-Ti-O_1 键角就不再是90°。在锐钛矿和金红石结构中连接Ti的O被分为两类，分别标记为 O_1、O_2，而在板钛矿中连接Ti的O只有一种，但是O-Ti-O键角发生了变化，不是规则的90°或180°。

在这三种矿体中，锐钛矿和金红石被广泛应用在工业生产中，由于金红石的原子排列致密，其相对密度和折射率较大，具有很高的分散光射线的本领，以及遮盖力和着色力，因此它被广泛应用在油漆、造纸、陶瓷、橡胶、塑料和纺织等工业中。锐钛矿由于其八面体呈明显的斜方晶型畸变，从而使其结构不如金红石稳定。由于它具有良好的光催化活性，在环保、涂料方面有广阔的应用前景。

目前 TiO_2 光催化抗菌剂主要是采用锐钛矿型 TiO_2，其抗菌机理基于 TiO_2 的光催化作用。稳态的 TiO_2 价带（VB）中充满电子，导带（CB）是一系列空能级轨道的集合体，二者之间为禁带。有研究证明：锐钛矿型 TiO_2 的禁带宽度为3.2eV，半导体的光吸收阈值 λ_g 与禁带宽度 E_g 的关系为：$\lambda_g = 1240/E_g$。当波长 $\lambda < 387.5$nm 的紫外光照射在纳米 TiO_2 表面时，价带中的电子即获得光子的能量而跃迁至导带，形成光生电子（e^-）；价带中则相应地形成空穴（h^+）。该过程如图3-5所示。

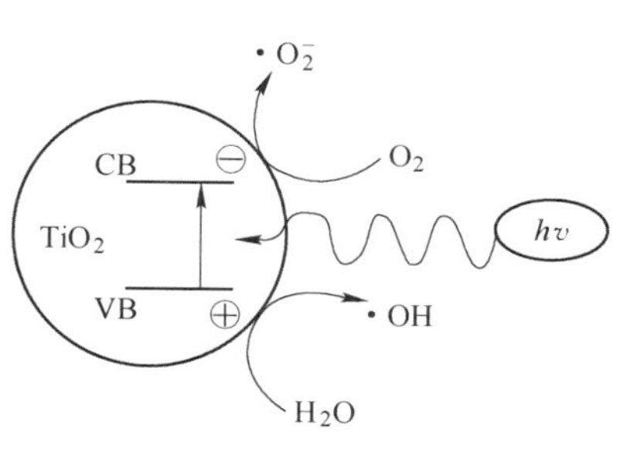

图3-5 TiO_2 光催化原理图

HO·能与电子给体作用，将之氧化，能够与电子受体作用将之还原，同时 h^+ 也能够直接与有机物作用，将之氧化：

$$TiO_2 + hv \longrightarrow TiO_2(e^-,\ h^+) \tag{3-1}$$

$$e^- + h^+ \longrightarrow \text{heat or } hv \tag{3-2}$$

$$h^+ + H_2O_{ads} \longrightarrow ho\cdot \tag{3-3}$$

$$h^+ + H_2O_{ads} \longrightarrow HO\cdot + H^+ \tag{3-4}$$

$$e^- + O_2 \longrightarrow O_2\cdot \tag{3-5}$$

$$HO\cdot + D \longrightarrow O\cdot^+ + H_2O \tag{3-6}$$

$$e^- + A \longrightarrow A\cdot^- \tag{3-7}$$

$$h^+ + D \longrightarrow D\cdot^+ \tag{3-8}$$

$$h^+ + D \longrightarrow D\cdot^+ \tag{3-9}$$

羟基·OH与生物大分子（如脂类、蛋白质、酶类以及核酸大分子）反应，直接损害或通过一系列氧化链式反应对生物细胞结构引起广泛的损伤性破坏。它可攻击有机物的不饱和键或抽取其氢原子，致使细菌蛋白质变异或脂类分解（多肽链断裂和糖类解聚），以此杀灭细菌并使之分解。与其他光催化剂相比，TiO_2 无毒，光化学性质稳定，光催化效果好，氧化能力强，其能带和导带之间的带隙能高达32eV，受光激发时产生具有强氧化还原性的空穴电子对，因而具有很强的杀菌、除臭和光催化降解能力，成为光催化材料中最常用的催化剂。

3.2.3 国内外研究进展

虽然我国对纳米二氧化钛的研究比世界强国起步晚了十几年，但是发展速度很快。1992年召开的第一届全国纳米科学与技术学术会议是我国对纳米材料大规模研究的标志，尤其是对于二氧化钛而言。经过科学家20年的努力，我国目前可以利用各种方法制备纳米二氧化钛，技术成熟；而且对纳米二氧化钛及其复合材料在化工、水处理、太阳能电池、颜料和涂料、化妆品、纺织、食品、环保等领域的应用取得了令人骄傲的成绩。

3.2.3.1 在化工领域的应用

在化工领域，最初纳米 TiO_2 被用作催化剂、催化剂载体以及吸附剂使用，进一步的研究发现它还可以用作制备固体超强酸，作为某些材料（如合金表面复合镀层、高分子材料、涂料等）的改性剂或添加剂。

A 作为化学反应的催化剂

纳米 TiO_2 作为催化剂，可以催化有机物的酯化反应、氧化反应、聚合反应等。刘祥萱等在苯二甲酸酐/环氧树脂体系的固化反应中使用纳米 TiO_2 作催化剂，使固化温度降低了约 50℃。何晓春在聚对苯二甲酸丁二酯（PBT）的合成中加入纳米 TiO_2，不仅起到了催化聚合反应的作用，而且成功地对 PBT 进行了改性。赵黔榕等在乙酸与正丁醇的酯化反应中使用纳米 TiO_2 替代浓硫酸作催化剂，酯化率得到了提高，并且在多次使用过后，催化剂仍然保持很高的催化性能。由于直接使用纳米 TiO_2 粉体作为催化剂在反应中存在一些局限性，所以科学家们开始研究如何使用改性的纳米 TiO_2 或纳米 TiO_2 复合材料作催化剂，这些改进后的催化剂不但催化效果更好，而且回收更加方便。

B 作为改性剂或添加剂

纳米 TiO_2 还可以用于镀层的改性。我国从 20 世纪初开始研究纳米 TiO_2 在电镀中的应用，并成功获得了许多含纳米 TiO_2 的复合镀层。相对于不含纳米 TiO_2 的镀层，这些复合镀层在耐蚀性、硬度、耐磨性上有了不同程度的提高。纳米 TiO_2 还被用作某些高分子材料、涂料的改性剂或填料，优化材料的性能。董元彩等研究发现，在环氧树脂中加入适量 TiO_2 作为填料后，复合树脂的强度、韧性等均有明显提高。王淑丽等在聚氨酯防腐涂层中加入微米/纳米二氧化钛作为复合填料，涂层的抗腐蚀能力得到了明显的改善。

3.2.3.2 在水处理领域的应用

在水处理领域中，纳米 TiO_2 可作为光催化剂降解有机污染物，除此以外，它还能够吸附水中的重金属，并进一步将重金属分离转化。在处理水时将水中有机污染物彻底矿化，不会导致污染物转移和二次污染。不仅如此，纳米 TiO_2 对水中的微生物降解而具有一定的消毒杀菌能力，跟现有的水处理方法相比，用纳米 TiO_2 处理水污染更加环境友好，也有更大的发展空间。

A 光催化降解水中有机污染物

研究发现，目前已经发现的能够被光催化降解的 300 多种有机化合物绝大多数都可以被纳米 TiO_2 分解。生活中难以处理的工业废水，如含氯废水、含磷废水、印染废水、造纸废水，这些都可使用纳米 TiO_2 光催化降解处理。为了解决纳米 TiO_2 粉体作光催化剂时只能在部分紫外光下降解的问题，科学家利用对纳米 TiO_2 掺杂与改性，制备出了可以吸收更大波长范围的紫外光以及可以吸收可见光的纳米 TiO_2 光催化剂，并进行了降解水中有机污染物的试验。为提高催化剂的催化活性，试验中使用掺杂 TiO_2 和复合 TiO_2 作为光催化剂，使用 TiO_2 纳米线和纳米管作为光催化剂，使光催化剂的性能得到了改善。为了解决纳米 TiO_2 粉体在作为光催化剂时不易分散、不易固定、使用过程中需要不断搅拌、使用过后二次分离回收困难等问题，研究员们又展开了将 TiO_2 纳米薄膜、纳米管以及纳米棒等负载于惰性载体上的研究，其中尤以何溥等的研究成果最为显著，他们成功地在主成分为 SiO_2 的空心微球表面负载了形态稳固、排列致密、方向一致的锐钛矿型 TiO_2 纳米棒阵列，这一重大发现为催生一种可以在大面积水体表层使用的实用型的光催化设备奠定了基础。

B 富集分离水中重金属

纳米 TiO_2具有很强的吸附能力归因于比表面积巨大以及表面原子不饱和性高。其易于吸附许多金属离子的特性使得其非常适合作为微量、痕量金属的分离富集材料。迄今为止，我国已经成功使用纳米 TiO_2吸附处理水中的砷、镉、铬、锡、铜、铊、铅等重金属，研究过程中发现，纳米 TiO_2无论是在避光、可见光照还是紫外光照条件下都可以吸附水中金属。在基于室温的条件下，较短时间内就可以达到吸附平衡。通过在最佳条件下达到吸附平衡，将纳米 TiO_2分离，最后洗脱被吸附的金属离子的方法，可以回收并重复使用纳米 TiO_2。采用这样的方法在深度处理某些重金属废水或从废水中回收重金属中扮演着很重要的角色。某些情况下，纳米 TiO_2不仅仅作为吸附剂存在，还可以同时作为光催化剂或光电催化剂还原水中的重金属。

3.2.3.3 在环保领域的应用

A 净化典型环境的空气

我国利用纳米 TiO_2在紫外光照射下可以降解许多有机物、分解部分无机物的这一特征，对净化典型环境（如居民住所内、公共场所、市区干道等）的空气进行了深入的研究。科研工作者制备的纳米 TiO_2复合金属氧化物的光催化剂在紫外光条件下对 H_2S、SO_2、NO_2、NH_3以及 CS_2的净化效果非常显著，亦有科研工作者制备的蛋白土/纳米二氧化钛复合材料以及顾凯等制备的纳米二氧化钛/三聚氰胺树脂混合体系在对甲醛的降解中效果显著。这些光催化剂的制备技术一旦成熟就可以适当地使用在典型环境中，从而有效地降解空气中的有害气体、净化空气。例如：在内墙涂料中适当添加纳米 TiO_2，可以对室内起到净化作用；在空调的室内蒸发器和过滤网上负载含金和银的纳米 TiO_2复合材料，可以非常有效地降低室内甲醛含量；在沥青路面及水泥防撞墙材料中加入纳米 TiO_2，沥青路面和水泥墙的性能不但不会受到负面影响，而且能有效地分解汽车尾气，净化空气。

B 消毒杀菌

纳米 TiO_2消毒杀菌的作用可以归因于其在光照条件下对环境中微生物有着抑制和杀灭作用。相比于传统的消毒杀菌剂，纳米 TiO_2它不但可以杀灭细菌，还可以将细菌的尸体彻底降解，不会产生异味和二次污染。我国在纳米 TiO_2消毒杀菌方面的应用上已经进行了大量的研究，一些成果已经被推广。使用纳米 TiO_2抗菌复合材料作为空调的室内蒸发器和过滤网，房间内的真菌降解率达到 80%以上。表面镀纳米 TiO_2薄膜的磁砖在紫外光或日光照射下不但能降解室内典型的有机污染物（甲苯、甲醛、油烟、尼古丁、焦油等），而且对金黄色葡萄球菌、大肠杆菌等有非常高的杀灭率，这种瓷砖特别适合用于厨房、卫生间、医院手术室等场所。清华大学研制的纳米二氧化钛等离子体放电催化空气净化器不但对空气中有机物的降解能力更强（强于各种纳米 TiO_2光催化剂），而且能在短时间内杀灭空气中的所有细菌。森特集团与中南大学合作开发的产品——银纳米二氧化钛材料制造的抗菌涂料耐热、安全且能长效杀菌，抗菌率几乎为 100%。

C 制备自清洁涂层

自清洁涂层是指能利用自身的某些特性防止或阻碍污物或生物在其表面聚集的涂层。纳米 TiO_2之所以可以用于自清洁涂层的制备，首先是因为它具有光催化活性以及它的薄膜表面具有超亲水性，其次是用它作为改性剂或添加剂制得的某些复合材料涂层具有超疏水性。我国目前已经研究了两种制备自清洁涂层的方法。一是在诸如玻璃或镜面等材料表面涂/镀上一层纳TiO_2膜，此种玻璃或镜面即具有防雾功能和自清洁功能；二是将纳米TiO_2制成涂料涂于材料或物件（如铝合金型材和板材、吃水线下的船外体）表面上，赋予他们自清洁功能。

3.2.3.4 在电极与电池领域的应用

利用纳米TiO_2及其复合材料修饰过的电极表面，可以制备成多种纳米二氧化钛电极。在这些电极的基础上，不仅可以构建多种生化传感器，还可以构建电池，尤其是染料敏化太阳能电池。

A 电极与化学传感器

相对于传统的化学传感器，含有纳米TiO_2及其复合材料的化学传感器在测定溶液中的某些微量、痕量成分时具有传统的化学分析法和仪器分析法难以达到的灵敏度、重现性、选择性、线性范围以及稳定性等。因此，基于纳米TiO_2的化学传感器的研究近年来也成为国内研究热点之一。研究的方法一般是寻找对待测成分敏感的物种与纳米TiO_2组成复合材料，将该复合材料修饰到电极上，以此电极为基础构建化学传感器。到目前为止，已经试制出了可以测定尿素、铅离子、氯霉素、葡萄糖等含量的化学传感器。

B 染料敏化太阳能电池

自1991年瑞士科学家Gratzel等开发出了染料敏化的二氧化钛太阳能电池后，纳米TiO_2用于染料敏化太阳电池的研究迅速展开，我国从20世纪90年代后期才开始对这方面的研究。最近的研究方向主要集中在如何提高电池的光电转换效率上。研究者们从两个方面进行了尝试：一是从电极入手，如制备多孔电极以提高电极对染料的吸附能力，用TiO_2纳米线、纳米棒、纳米纤维以及纳米管阵列取代纳米TiO_2晶体，以提高电极的比表面积。对纳米TiO_2进行掺杂以改善电极的光电性能。二是从染料入手，寻找更加物美价廉、能够吸收可见光、光电转化性能优异、在纳米TiO_2电极表面吸附有很强吸附能力的染料。

3.2.3.5 在其他领域的应用

我国将纳米TiO_2应用在纺织、印染领域的时间较晚，大量的研究都围绕着提高棉织物、真丝织物的抗紫外线功能进行；同时也研究了使用纳米TiO_2对化纤织物进行抗静电整理、提高丝绸类织物的上染率和染色深度、改善织物的抗皱、隔热及抗菌性能以及使织物具有自清洁功能的影响。在食品领域也可以见到纳米TiO_2的身影。研究表明，纳米TiO_2可以提高柑橘类水果的防腐保鲜效果。在某些天然蛋白质中加入纳米TiO_2，制成的膜不但安全无毒、支持生物降解，而且抗菌、抗紫外线效果显著，具有足够的机械强度，耐水性高、透氧性低，是优良的食品包装材料。纳米TiO_2在道路工程中的应用研究也取得了显著的成果。研究表明：在沥青中加入纳米TiO_2制成改性沥青混合料，不但混合料的水稳定性、马歇尔稳定度、高温稳定性、低温抗裂性能等路用性能得到全面的改善，还可以自行除去路面积雪、降解路面附近空气中的有机污染物，特别是汽车尾气。以纳米TiO_2为添加剂制成的防腐剂可以有效地提高木材、竹材的防腐性能，纳米TiO_2与木材制成的复合材料不但具有了防腐、抗菌、防紫外线等功能，而且可能增强材料的耐火性和尺寸稳定性。吴雪艳等在膨胀石墨中嵌入纳米TiO_2，对弹药用涂料改性，制备了一种新型弹药用涂料，可以有效地降解弹药库房内的有害气体。王永刚等进行了利用纳米 TiO_2 的紫外屏蔽性能显现手印的研究，研究成果有望使近 20 多年来手印显现技术的瓶颈被突破。此外，纳米 TiO_2 在工程热物理领域的应用研究也已经开始，上海交通大学更是将 TiO_2 纳米管应用到了光子学领域。

3.3 实验耗材及仪器设备

3.3.1 实验主要设备及器材

实验仪器见表 3-1。

表 3-1 实验仪器

名　称	型　号	生产厂家
电子分析天平	FA1604N	上海民桥精密科学仪器有限公司
电热鼓风干燥箱	DL-101-2 型	上海试验仪器厂有限公司
节能箱式电阻炉	SX—G0123 型	天津市中环实验电炉有限公司
快速红外干燥箱	WS70-1	巩义市予华仪器有限责任公司
超声波清洗剂	KQ2200E	昆山市超声仪器有限公司
紫外分光光度计	UV751	上海成光仪器
六联数控温磁力搅拌器	HJ-6A	江苏金坛市金城国胜实验仪器厂
电热真空干燥箱	DZF-6021	上海精密科学仪器有限公司
光化学反应仪	BL-GHX-Ⅱ	上海比朗仪器设备有限公司

3.3.2 实验主要用药品

实验药品见表 3-2。

表 3-2 实验药品

药品名称	分子式	生产厂家
无水乙醇	C_2H_5OH	上海中试化工总公司
甲基橙	$C_{14}H_{14}N_3SO_3Na$	上海试剂三厂
钛酸四丁酯	$C_{16}H_{36}O_4Ti$	上海山浦化工有限公司
三乙醇胺	$C_6H_{15}NO_3$	江苏彤晟化学试剂有限公司
硝酸	HNO_3	国药集团化学试剂
冰乙酸	CH_3COOH	国药集团化学试剂
硝酸铁	$Fe(NO_3)_3$	天津市科密欧化学试剂有限公司
硝酸铝	$Al(NO_3)_3$	国药集团化学试剂
乙酸锌	$Zn(NO_3)_2$	天津市科密欧化学试剂有限公司

3.3.3 二氧化钛的制备

方案一：

（1）用量筒量取10mL钛酸四丁酯，在搅拌条件下加入16mL无水乙醇和4mL冰乙酸的混合液中，制成溶液A（注：掺杂时将掺杂的盐类加入A溶液中溶解）。

（2）将2mL去离子水和8mL无水乙醇混合，制成溶液B。

（3）将B在剧烈搅拌下滴入A，滴速控制在1滴/s，制成溶胶。

（4）溶胶凝胶化，凝胶时间视具体实验方案而定。

（5）凝胶在空气中放置24h，陈化至开裂。

（6）将湿凝胶在80℃真空干燥24h，形成干凝胶，研磨成干凝胶粉。

（7）将干凝胶粉在马弗炉中100℃保温1h，升温至所需温度焙烧2h。

方案二：

（1）用量筒量取15mL钛酸四丁酯，在搅拌条件下加入6mL三乙醇胺和15mL乙醇的混合液中，制成溶液A（注：将掺杂的盐类加入溶液中溶解）。

（2）将15mL乙醇和6mL去离子水混合，制成溶液B（控制溶液pH2~3）。

（3）将B在剧烈搅拌下滴入A，滴速控制在1滴/s，制成溶胶。

（4）溶胶凝胶化，凝胶时间一般为30min。

（5）凝胶在空气中放置24h，陈化至开裂。

（6）将湿凝胶在80℃真空干燥24h，形成干凝胶，研磨成干凝胶粉。

（7）将干凝胶粉在高温炉中100℃保温1h，升温至所需温度煅烧2h。

掺杂金属离子制备光催化剂二氧化钛的方案

1）采用溶胶—凝胶方法制备催化剂 TiO_2-Al_2O_3。15mL无水乙醇溶剂和6mL的蒸馏水，加入催化剂 HNO_3，控制其pH为2~3左右。再将混合液［钛酸丁酯：三乙醇胺：无水乙醇：氧化铝=1：2：4：0.04（摩尔比）］加入上述溶液中。磁力搅拌30min，最后得到均匀透明的淡黄色溶胶。

2）采用溶胶—凝胶方法制备催化剂 TiO_2-Fe_2O_3。15mL无水乙醇溶剂和6mL的蒸馏水，加入催化剂 HNO_3，控制其pH为2~3左右。再将混合液［钛酸丁酯：三乙醇胺：无水乙醇：硝酸铁=1：2：4：0.005（摩尔比）］加入上述溶液中。磁力搅拌30min，最后得到均匀透明的淡黄色溶胶。

3）采用溶胶-凝胶方法制备催化剂 TiO_2-CeO_2。15mL无水乙醇为溶剂和6mL的蒸馏水，加入催化剂 HNO_3，控制其pH为2~3左右。再将混合液［钛酸丁酯：三乙醇胺：无水乙醇：氧化亚铈=1：2：4：0.06（摩尔比）］加入上述溶液中。磁力搅拌30min，最后得到均匀透明的淡黄色溶胶。

具体步骤：将15mL的钛酸丁酯、6mL的三乙醇胺、15mL的乙醇混合，用磁力搅拌器搅拌至淡黄色透明，溶液为A；同时取15mL乙醇与6mL的蒸馏水混合，记为溶液B，并调pH值为2~3。将A和B溶液混合在磁力搅拌器下搅拌，控制温度为50℃成凝胶之后，陈化数小时，之后放到烘箱中100℃烘干，将上述粉末在不同温度（400℃、450℃、500℃、750℃）的马弗炉中煅烧2h。具体流程图如图3-6所示。

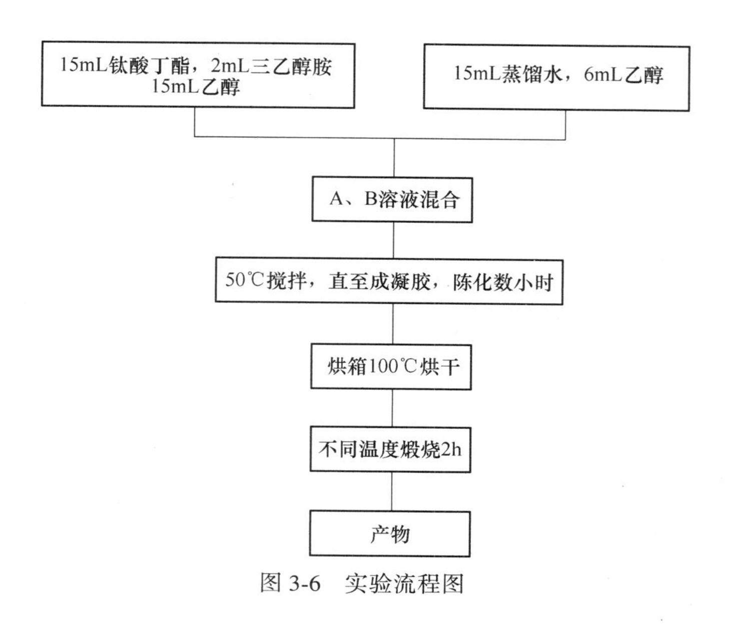

图 3-6 实验流程图

3.3.4 二氧化钛表征

对 TiO_2的表征主要集中在是否存在吸收峰以及是否存在除锐钛矿以外的红金石或者其他杂质，因此对 TiO_2进行 XRD 物相结构分析。XRD 分析采用丹东方圆仪器有限公司的 DX-2700 型 X 射线衍射仪（XRD）分析样品的物相结构。

3.3.5 光催化实验

（1）称取一定量的甲基橙，装入盛有蒸馏水的容量瓶中，用 KQ2200E 型超声波清洗器进行超声分散，配制成浓度为 10mg/L 的甲基橙溶液。

（2）称取 0.1g 的 TiO_2粉末放入到 50mL，浓度为 10mg/L 的甲基橙溶液中，搅拌分散 30min 后，在光化学反应仪（见图 3-7）中进行降解反应。

（3）分别在 0min、10min、20min、30min、40min、50min、60min、70min 时抽取样品，离心后取上层清液，用紫外分光光度计在 464nm 处测溶液的透光度。

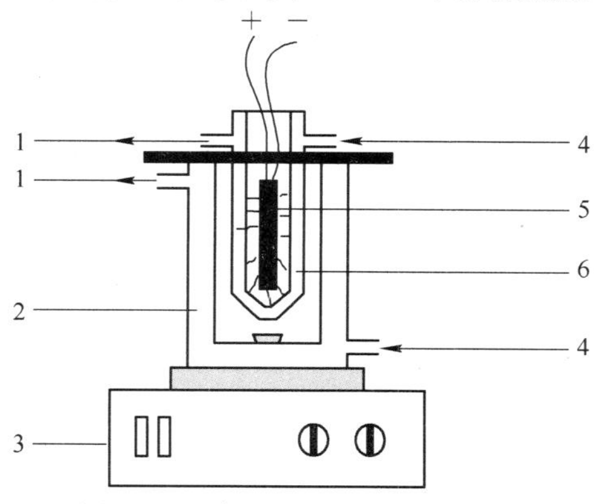

图 3-7 比朗光化学反应仪装置图

1—冷凝水出口；2—冷却装置；3—搅拌器；4—冷凝水进口；5—汞灯；6—石英冷阱

如表 3-3 所示，中压汞灯的主要波长在 365nm 附近，TiO_2加入后，在光化学反应仪中先行暗吸附 30min，使 TiO_2粉末充分吸附甲基橙，并达到吸附-脱附平衡。然后打开 300W 中压汞灯开始做光催化实验，每隔 10min 用医用针筒抽出 4mL 左右的反应液。

表 3-3　汞灯的光谱分布和相对强度

波长/nm	250	313	365	400	510	620	720
相对强度/%	20	85	100	30	20	40	80

3.4　测试及分析

（1）煅烧温度对产物光催化性能的影响。
（2）XRD 表征。
（3）不同掺杂样品催化性能比较。
（4）TiO_2粉体量对催化性能的影响。
（5）其他指标。

3.5　注 意 事 项

（1）注意实验室实验中按照指导老师要求实验；
（2）注意实验过程中的安全，如电、水、火，实验中的试剂如酸、碱的使用；
（3）注意实验结束后卫生打扫等。

参 考 文 献

[1] Zhang Jun, Wu Bo, Huang Lihai, et al. Anatase nano-TiO_2 with expose curved surface for high photocatalytic acticity [J]. Journal of Alloys and Compounds, 2016: 441-447.

[2] 莫剑臣，董如林，张汉平，等 . C/TiO_2光催化剂的合成及其活性评价 [J]. 常州大学学报，2015，27（5）：61-65.

[3] 邵霞，张睿，陆文聪 . 溶胶-凝胶法 TiO_2/C 纳米复合材料的研究 [J]. 人工晶体学报，2013，14（2）：305-315.

[4] 黄昱，杨明 . 夏娟娟 . C/TiO_2复合材料的制备及光催化性能的研究 [J]. 武汉轻工大学学报，2014，23（6）：33-36.

[5] 曹永强，龙绘锦，陈咏梅，等 . 金红石/锐钛矿混晶结构 TiO_2薄膜光催化活性 [J]. 物理化学学报，2009，25（6）：1088-1092

[6] 王成伟，潘自蔚，侯显，等 . CdS 修饰金红石/锐钛矿混合晶相 TiO_2双异质结薄膜的光催化性能研究 [J]. 西北师范大学学报，2014，5（3）：39-43.

[7] Cao Yanfeng, Li Xiaoting, Bian Zhengfeng, et al. Highly photocatalytic acticity of brookity/rutile TiO_2 nanocrystals with semi-embedded structure [J]. Applied Catalysis B-Environment.

[8] 张慧，王洪涛，金凤，等 . 混晶纳米 TiO_2光催化性能及混晶间的机理研究 [J]. 阜阳师范学院学报，2011，22（3）：53-56.

[9] 韦冰心，王亭杰，赵琳，等 . 二氧化钛颗粒表面的光催化反应过程 [J]. 石油化工，2012，25（2）：219-223.

[10] 屈一新，刘彦，宋晓岚 . 溶胶-凝胶法制备纳米 TiO_2的凝胶机理研究 [J]. 计算机与应用化学，2005，22（9）：699-702.

实验4　多元素共掺 $CaTiO_3$ 基荧光粉的制备与性能

4.1　实验目的和要求

（1）掌握荧光粉发光原理；

（2）掌握白光 LED 的实现形式；

（3）了解 $CaTiO_3$ 基荧光粉制备方法。

4.2　实 验 原 理

LED 作为一种较为理想的光源，相比于常规发光体有着驱动电压低、发光效率高、稳定、节能、使用寿命长等诸多优点，工业对其色彩丰富程度需求也越来越高。目前，LED 已经广泛应用于生活照明、装饰、汽车、医疗等各大领域，对 LED 发光性能以及种类的研究也越来越多。目前，三基色的荧光粉均已被制备出来，这就意味着只要搭配合理 LED 可以发出各种颜色的光，包括白色。

LED 照明的颜色主要取决于其内部的荧光粉，荧光粉是一类吸收其他能量（X 射线，不可见光）并将其转化为可见光的物质。目前比较常见的有以铝酸盐、钨酸盐、钒酸盐及钛酸盐为基质的荧光粉。本实验研究的主要是以钛酸盐为基质的荧光粉。钛酸盐体系的红色荧光粉有着较为突出的性能，当用 Ca^{2+} 作为基质元素时，在掺杂离子为 Pr^{3+} 时能激发出纯正的红光，且这种荧光粉性质稳定，发光性能良好，有较好的环境适应性。

$CaTiO_3$：Pr^{3+} 具有较为优良的红光发射，但存在发光效率较低的问题，本实验通过掺杂的方式来改善其发光。本实验还通过用其他颜色发光离子与 Pr^{3+} 配合，尝试形成较好的白光发射。

物体的发光主要分成两类，一类是物体受热后对外释放热辐射形成发光；另一类是物体受到外界能量的激发，内部电子产生跃迁使其达到一种不稳定的状态（非稳定态），并在返回到基态的过程中向外释放出能量（光子）。整个过程中，发光体处于常温状态，也称为冷光发光。这就是荧光粉的发光原理。

目前，白光 LED 的实现形式主要有以下几种：（1）通过蓝色 LED 芯片通电发出蓝光，照射可被蓝光激发的黄光荧光粉，两种颜色的光结合发出白光；（2）直接通过三基色荧光粉配比并用紫外光激发，发出三基色的光，混合产生白光；（3）单一基质荧光粉通过共掺杂稀土离子，两种离子发光相互配合形成白光发射。

4.2.1　溶胶凝胶法

溶胶凝胶法是一种常用的制备荧光粉的方法，溶胶凝胶法的合成路线是：将金属盐或其氧化物溶解后通过有机络合剂聚合，使溶液态逐渐转化为溶胶最后形成凝胶，接着将凝胶烘干、研磨、煅烧得到所需物质。它是一种湿化学合成方法，通过这种方法制得的荧光粉颗粒粉末能达到纳米级，具有较高的纯度以及良好的化学稳定性。

溶胶凝胶法制备的样品的好坏取决于成胶的质量，也就是在溶液加入络合物，并通过不断地搅拌，在一定温度下形成的胶状物的质量。溶胶的质量可以通过控制温度、搅拌速度、醇盐种类、催化剂等条件来进行控制，其主要判别方法可以通过观察溶胶静置时的透明度、溶胶的颜色进行判断。溶胶凝胶法相比于其他方法有以下优点：（1）原料能够充分溶解在溶液里面，均匀性和分散性更好；（2）通过这种方法制备得到的样品颗粒能达到纳米级；（3）通过这种方法，可以降低荧光粉所需的煅烧温度，避免高温环境下物料的污染，制备出的样品相对纯度较高。

4.2.2　高温固相法

高温固相法是另一种合成荧光粉比较常用的方法，也是目前工业上大量制备荧光粉最为常见的方法。高温固相法的主要步骤是将合成荧光粉的原料混合均匀，并不断研磨细化，然后在一定温度和气氛下高温煅烧。烧结温度由原料的性质、粒径、生成产物的性质决定。研磨后颗粒越小，生成产物的质量也就越好。高温固相法相比于其他方法的优点是：它的步骤简单，比较适合用作大规模生产；生成物的结晶程度较好，能形成较好的晶体结构；得到荧光粉的发光程度较好。但是它对研磨过程要求比较高，要求达到一定的细度，而且它生成产物的形貌控制也不好。可以通过多次烧结来提高荧光粉的质量。相比于其他方法，高温固相法对温度的要求最高，也比较容易混入杂质。

4.2.3　水热法

水热法是一种在水溶液条件下合成材料的方法，实验的一般步骤是首先将所需的原料都溶解在水中，混合放入高压反应釜里面，然后对容器加热使溶液温度超过沸点。此时，溶液在高温高压下转化变成气态，这样的条件可以让通常很难溶解的物质溶解并重新结晶，而这种条件下温度却不会很高，而是提高了压力条件。水热合成的优点是降低了物质合成所需的高温，通过另外一种途径来实现；通过这种方法合成的粉体团聚少、大小均匀、纯度高。所以水热法比较适合制备一些在高温情况下容易分解的或晶体结构会发生改变的物质。铌酸盐、钛酸盐、钒酸盐等都可以通过水热法来合成。

4.3　实验设备和材料

实验药品见表4-1。

表4-1　实验药品

名　称	化学式	相对分子质量	生产厂家	纯度
氧化铕	Eu_2O_3	197.34	上海山浦化工有限公司	分析纯
氧化镝	Dy_2O_3	147.63	上海科昌精细化学品公司	分析纯
氧化镨	Pr_6O_{11}	1021.44	晶世纪	分析纯

续表 4-1

名　称	化学式	相对分子质量	生产厂家	纯度
氧化镧	La_2O_3	325.81	上海展云化工有限公司	分析纯
氧化铋	Bi_2O_3	465.96	上海润捷化学试剂有限公司	分析纯
硝酸	HNO_3	63.01	江苏彤晟化学试剂有限公司	分析纯
钛酸四丁酯	$Ti(OC_4H_9)_4$	340.36	上海山浦化工有限公司	化学纯
一水合柠檬酸	$C_6H_8O_7 \cdot H_2O$	210.14	国药集团化学试剂有限公司	分析纯
无水乙醇	CH_3CH_2OH	46.00	江苏彤晟化学试剂有限公司	分析纯
碳酸钙	$CaCO_3$	100.09	天津市大茂化学试剂厂	分析纯
无水氯化钙	$CaCl_2$	110.98	国药集团化学试剂有限公司	分析纯
二氧化钛	TiO_2	79.90	上海山浦化工有限公司	分析纯

实验仪器设备见表 4-2。

表 4-2　实验仪器设备

名　　称	型　　号	生产厂家
节能箱式电阻炉	SX—G02123	天津市中环实验电炉有限公司
电子分析天平	FA1604N	上海民桥精密科学仪器有限公司
六联数控温磁力搅拌器	HJ-6A	江苏金坛市金城国胜实验仪器厂
电热恒温鼓风干燥箱	DL-101-1BS	天津市中环实验电炉有限公司
X 射线衍射仪	Y500	中国丹东射线仪器公司
荧光光谱仪	JASCO FP-6500	日本岛津公司

4.4　实验内容和步骤

4.4.1　溶胶凝胶法制备 $CaTiO_3$：Pr^{3+}，Ce^{3+} \ Tb^{3+} \ Bi^{3+}荧光粉的制备工艺

制备工艺如下：

（1）通过计算按化学计量比称取 Pr_6O_{11}、Ce_2O_3 \ Tb_4O_7 \ Bi_2O_3加入一定量去离子水混合、搅拌，再滴入几滴浓硝酸，放在磁力搅拌器上搅拌，溶解。

（2）按剂量称量氯化钙与适量去离子水混合、搅拌，再滴入 3mL 的盐酸，形成氯化钙溶液。

（3）将氯化钙盐溶液加入稀土氧化物溶液中并搅拌均匀，形成混合 A 溶液。

（4）称量钛酸四丁酯并滴加 3mL 盐酸形成 B 溶液。

（5）将 A 溶液加入 B 中，将一定量的柠檬酸加入 A、B 混合溶液中，同时将该混合溶液放置于磁力搅拌器上 60℃温度下水浴中搅拌，直到溶胶渐变为凝胶。

（6）将凝胶放入干燥箱在 120℃温度下干燥并形成干凝胶，研磨形成干粉。

（7）将粉末干凝胶放入箱式电炉中，将温度升到 900℃时并保温 3h。

(8) 获得最终样品，研磨，装样。

溶胶凝胶法制备$CaTiO_3$：Pr^{3+}、Ce^{3+} \ Tb^{3+} \ Bi^{3+}荧光粉实验流程如图4-1所示。

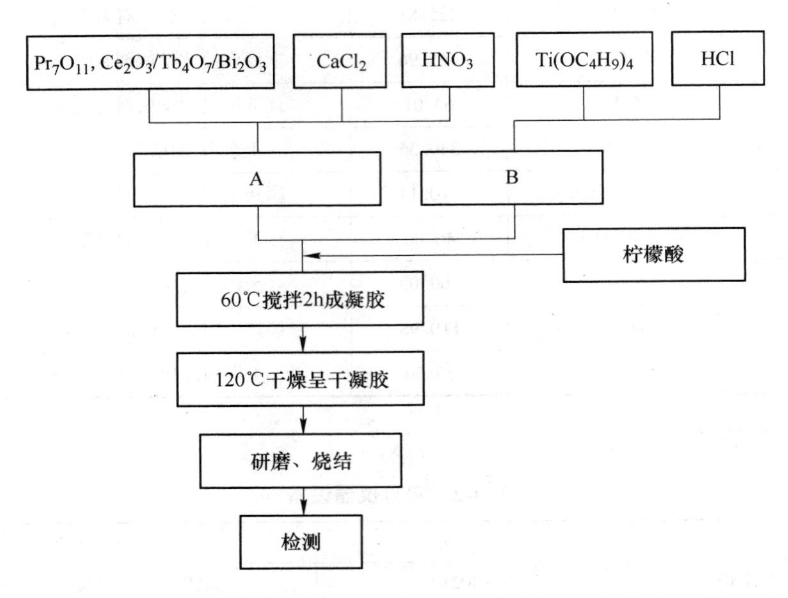

图4-1 溶胶凝胶法制备$CaTiO_3$：Pr^{3+}、Ce^{3+} \ Tb^{3+} \ Bi^{3+}荧光粉实验流程

4.4.2 溶胶凝胶法制备$CaTiO_3$：Pr^{3+}，Eu^{2+}荧光粉的制备工艺

制备工艺如下：

(1) 按化学计量比称量Pr_6O_{11}，Eu_2O_3加入适量去离子水混合、搅拌，再滴入几滴浓硝酸放在磁力搅拌器上搅拌、溶解。

(2) 按剂量称量氯化钙与适量去离子水混合、搅拌，再滴入3mL的盐酸，形成氯化钙溶液。

(3) 将稀土氧化物溶液与氯化钙盐溶液混合，形成混合A溶液。

(4) 称量钛酸四丁酯并滴加3mL盐酸形成B溶液。

(5) 将A溶液加入B中，将一定量的柠檬酸加入A、B混合溶液中，同时将该混合溶液放置于磁力搅拌器上60℃温度下水浴中搅拌，直到溶胶渐变为凝胶。

(6) 将凝胶放入干燥箱在120℃温度下干燥并形成干凝胶，研磨形成干粉。

(7) 将干凝胶放在坩埚里面外层包碳加盖升温到900℃时保温2h。

(8) 将烧结过的荧光粉放在坩埚里用原来的升温制度二次煅烧。

(9) 获得最终样品，研磨，装样。

溶胶凝胶法制备$CaTiO_3$：Pr^{3+}，Eu^{2+}荧光粉实验流程如图4-2所示。

4.4.3 高温固相法制备$CaTiO_3$：Dy^{3+}，Eu^{3+}荧光粉的制备工艺

制备工艺如下：

(1) 按一定配比分别称取相应重量的$CaCO_3$、Dy_2O_3、Eu_2O_3、TiO_2粉末。

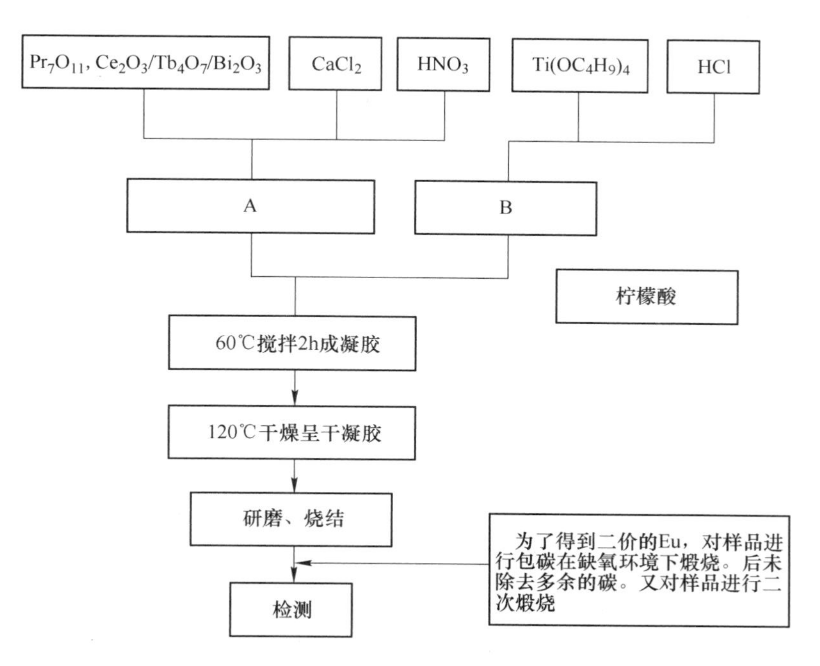

图 4-2 溶胶凝胶法制备 $CaTiO_3$：Pr^{3+}，Eu^{2+}荧光粉实验流程

（2）将其放到玛瑙研钵中混合均匀并充分研磨 30min。
（3）将研磨好的粉末放入刚玉坩埚中。
（4）将刚玉坩埚放进炉子内，按照升温梯度煅烧，1100℃保温 4h。
（5）煅烧结束后将其放在玛瑙研钵中研磨。
（6）所得粉体为最终样品。

高温固相法制备 $CaTiO_3$：Dy^{3+}，Eu^{3+}荧光粉实验流程如图 4-3 所示。

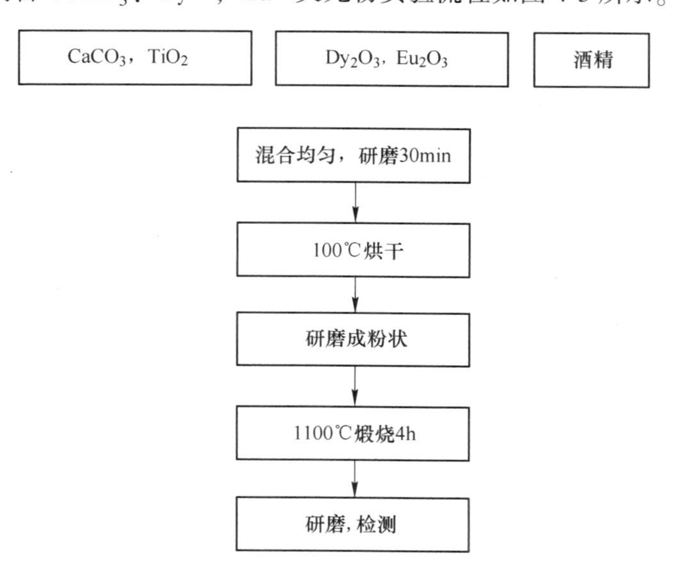

图 4-3 高温固相法制备 $CaTiO_3$：Dy^{3+}，Eu^{3+}荧光粉实验流程

4.5　实验注意事项

（1）注意实验室实验中按照指导老师要求实验；
（2）注意实验过程中的安全，如电、水、火，实验中的试剂，如酸、碱的使用；
（3）注意实验结束后卫生打扫等。

参 考 文 献

[1] 孟庆裕，张庆，李明，等．Eu^{3+} 掺杂 $CaWO_4$ 红色荧光粉发光性能的浓度依赖关系研究 [J]. 物理学报，2012，61（10）：447-454.
[2] 张国有，赵晓霞，孟庆裕，等．白光LED用红光荧光粉 $Gd_2Mo_3O_9$：Eu^{3+} 的制备及表征 [J]. 发光学报，2007，28（1）：57-61.
[3] 赵晓霞，王晓君，陈宝玖，等．白光LED用红色荧光粉 α-$Gd_2(MoO_4)_3$：Eu的制备及其发光性能研究 [J]. 光谱学与光谱分析，2007，27（4）：629-633.
[4] 廉世勋，林建华，苏勉曾．发光性质 [J]. 中国稀土学报，2001，19（6）：602～605.
[5] 魏艳艳，赖欣，秦丹，等．稀土掺杂钨钼酸盐类荧光粉水热法合成及结构与性能的研究 [J]. 功能材料，2011，10（42）：1758-1761.

实验 5　SiO_2@YAG:Ce^{3+} 核壳结构荧光粉的制备及性能研究

5.1　实验目的和要求

（1）sol-gel 法制备类球形 YAG：Ce^{3+}荧光材料；

（2）对其形貌、物性、发光性能进行测试分析；

（3）调整各主要工艺参数，探讨制备工艺对荧光粉性能的影响。

5.2　实 验 原 理

5.2.1　核壳结构

虽然 YAG 具有优良的性质，被广泛应用，但是仍然很难获得多晶结构的 $Y_3Al_5O_{12}$和尺寸分布窄、分散状态良好和球形形态理想的颗粒。为了使被封装后的 LED 能够具有良好的性能，荧光粉的颗粒粒径需要分布在一个合适的范围，同时要具有良好的颗粒形貌。为了解决由于荧光粉表面存在的化学活性和电性引起的性能下降问题，通常会将一层或多层材料包覆在荧光粉的外表面上，有的时候会制备某种单分散球形的材料，并将荧光粉包覆在这种纳米材料的外表面，从而达到改善荧光粉表面形貌、提高其颗粒的分散性的目的，即将荧光粉制备成核壳结构。

包覆就是剪裁内核颗粒的表面性质，从而达到改变核颗粒的表面电荷、反应特性和官能团以及提高核颗粒的稳定性以及分散性能的目的。核-壳材料具有不一样的结构性能，核-壳结构会整合核、壳两种材料的性能，让这两种材料相互弥补各自的缺点，以此改善荧光粉颗粒的粒径、表面形貌以及荧光粉的分散性。荧光粉的表面形貌对荧光粉发光性能的好坏存在很大的影响，核-壳结构的荧光粉已然成为近些年来很重要的研究内容，并且经久不衰。核-壳结构在催化、气体存储、电池、光催化及分离方面都有着广泛的前景。核-壳结构的优点如下：

（1）同样质量的产品，可以大量降低原料用量。

（2）壳可以对核形成保护，使核的结构、性能更稳定。

（3）核壳结构的电子结构可以杂化，从而优化性能，譬如 CdSe 包裹 ZnS。

（4）核壳结构还能复合各种性能，譬如 Fe_3O_4@ Au，其既有 SPR 也有磁性。

YAG：Ce^{3+}包覆在二氧化硅球表面可以节省稀土元素铈，所获得的核-壳结构的荧光体具有球形颗粒、良好的分散、粒度分布窄、亚微米尺寸等优点，通过增加 YAG：Ce^{3+}

荧光粉的比表面积，以此来改善YAG：Ce^{3+}荧光粉的发光性能。改变核的形态可以改变SiO_2@YAG：Ce^{3+}荧光粉形态，以此达到使荧光粉的颗粒更加分散和形态更加均匀的目的。

5.2.2 SiO_2包覆材料

因为SiO_2化学物理性质稳定，并且SiO_2是透明透光的，其对荧光粉的发光影响较小，因此经常被用来做核-壳结构荧光粉的外包或者内核材料。目前对基于SiO_2核-壳结构的荧光颗粒，已经研究它们在照明方面和生物显示方面的应用。SiO_2的熔点是（1650±50）℃。SiO_2是原子晶体。SiO_2的化学性质比较稳定，一般不会和水产生化学反应。SiO_2是酸性氧化物，不和一般的酸产生化学反应。SiO_2具有透明透光以及稳定性好等诸多性质，其对荧光粉的性能影响较小，因此经常被用来做核壳结构。SiO_2既可以作为荧光粉的核，也可以作为荧光粉的保护膜。目前，基于SiO_2核壳结构的荧光颗粒，已经研究了它们在照明方面和生物显示方面的应用。SiO_2结构并不是与一切荧光粉兼容。

5.3 实验设备和材料

实验原料见表5-1。

表5-1 实验原料

名　称	化学式	相对分子质量	生产厂家	纯度
氧化铈	CeO_2	172.11	国药集团化学试剂有限公司	分析纯
氧化钇	Y_2O_3	225.81	国药集团化学试剂有限公司	高纯试剂
硝酸铝	$Al(NO_3)_3 \cdot 9H_2O$	375.12	国药集团化学试剂有限公司	分析纯
碳酸氢铵	NH_3HCO_3	79.06	上海山浦化工有限公司	分析纯
无水乙醇	CH_3CH_2OH	46.00	国药集团化学试剂有限公司	分析纯
正硅酸乙酯	$Si(OC_2H_5)_4$	208.33	国药集团化学试剂有限公司	分析纯
柠檬酸	$C_6H_8O_7 \cdot H_2O$	210.14	国药集团化学试剂有限公司	分析纯
硝酸	HNO_3	63.01	江苏彤晟化学试剂有限公司	分析纯
聚乙二醇	$H(OCH_2CH_2)_nOH$	6000	上海山浦化工有限公司	分析纯

实验仪器见表5-2。

表5-2 实验仪器

名　称	型　号	生产厂家
电子分析天平	FA1604N	上海民桥精密科学仪器有限公司
电热鼓风干燥箱	DL-101-2型	上海试验仪器厂有限公司
节能箱式电阻炉	SX—G02123型	天津市中环实验电炉有限公司
快速红外干燥箱	WS70-1	巩义市予华仪器有限责任公司
超声波清洗剂	KQ2200E	昆山市超声仪器有限公司

续表 5-2

名　称	型　号	生产厂家
扫描电子显微镜	S-3400	美国 FEI 公司
六联数控温磁力搅拌器	HJ-6A	江苏金坛市金城国胜实验仪器厂
荧光光谱仪	FP-6500	日本岛津公司
X 射线衍射仪	Y500	中国丹东射线仪器公司

5.4 实验内容和步骤

溶胶凝胶法合成 SiO_2@ YAG：Ce^{3+}荧光粉实验内容和步骤如图 5-1 所示。

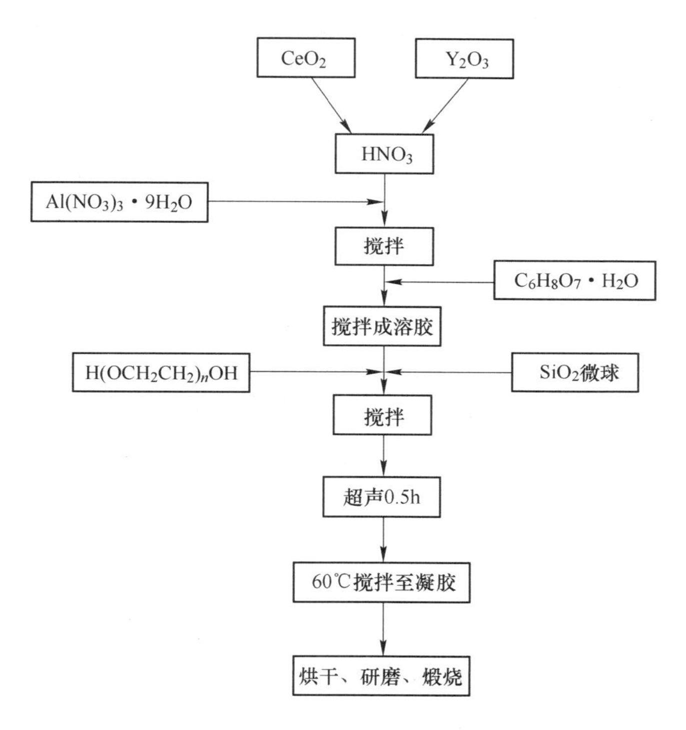

图 5-1　溶胶凝胶法合成 SiO_2@ YAG：Ce^{3+}荧光粉

（1）计算：荧光粉的化学式是 SiO_2@ $Y_{2.94}Al_5O_{12}Ce_{0.05}$。配成 3g$Y_{2.94}Al_5O_{12}Ce_{0.05}$荧光粉。YAG：$Ce^{3+}$与 SiO_2的配比是 6∶1，柠檬酸与金属阳离子的配比是 1∶1。

（2）称量：按照化学计量比称取 0.0519gCeO_2、1.6690gY_2O_3、12.1407gAl（NO_3）$_3$ · $9H_2O$、8g$C_6H_8O_7 \cdot H_2O$、0.5gH（OCH_2CH_2）$_n$OH、0.5gSiO_2。

（3）配制溶液：CeO_2较难溶解，先用硝酸将 CeO_2溶解，可以添加 0.01mL 的 H_2O_2助 CeO_2溶解。CeO_2溶解后，将 Y_2O_3溶解在溶液中，待溶液澄清透明，再将 Al（NO_3）$_3$ · $9H_2O$ 溶解在溶液中至完全溶解。将柠檬酸和聚乙二醇溶解在溶液中。

（4）溶液磁力搅拌，60℃搅拌成溶胶，再将 SiO_2微球超声 30min，使其分散在溶液中，继续 60℃磁力搅拌。

（5）烘干。将溶液搅拌至凝胶后放入烘箱 120℃烘干，研磨。

（6）煅烧。先在炭环境的还原氛围下 2h 升温至 300℃，并且保温 2h，再 2h 升温至 1100℃，保温 2h，进行第一次煅烧，然后再在氧环境中以相同温度进行二次煅烧。

（7）采用 SEM、XRD 和荧光分析仪分析实验样品。

5.5 实验注意事项

（1）注意实验室实验中按照指导老师要求实验；

（2）注意实验过程中的安全，如电、水、火，实验中的试剂如酸、碱的使用；

（3）注意实验结束后卫生打扫等。

参考文献

[1] 李友凤. EDTA 络合溶胶—凝胶法合成 YAG：Ce 黄色荧光粉及其性能［J］. 中国有色金属学报，2014，24（4）：1007.

[2] 孙海鹰，张希艳. 丙二酸溶胶-凝胶法合成亚微米级 YAG：Ce，Gd 黄色荧光粉［J］. 硅酸盐通报，2010，29（1）：94-99.

[3] 蒋继峰，周少华. 共沉淀-热处理工艺合成 YAG：Ce^{3+}荧光粉的研究［J］. 稀有金属材料与工程，2008：37-41.

[4] 杨茜，邱克辉. LED 用 YAG：Ce^{3+}荧光粉包覆 SiO_2膜的研究［J］. 化工新型材料，2011，39：100-102.

[5] Zhang Le，Lu Zhou，Zhu Jinzhen，et al. Citrate sol-gel combustion preparation and photo luminescence properties of YAG：Ce phosphors［J］. Journal of Rare Earths，2012，30（4）：289-296.

实验 6　溶剂热法制备 $Cu_2(Zn_xFe_{1-x})SnS_4$ 及其性能的研究

6.1　实验目的和要求

（1）掌握光催化的作用原理；
（2）掌握光催化性能的影响因素；
（3）掌握铜锌铁锡硫的特性。

6.2　实 验 原 理

实验原料分别以氯化铜（$CuCl_2 \cdot 2H_2O$）、氯化锌（$ZnCl_2$）、氯化亚锡（$SnCl_2 \cdot 2H_2O$）和氯化铁（$Fe(NO_3)_3 \cdot 9H_2O$）作为 Cu、Zn、Sn 和 Fe 源，在以水为溶剂的条件下制备 $Cu_2(Zn_xFe_{1-x})SnS_4$纳米晶材料，采用 X 射线衍射仪、扫描电镜及紫外可见-分光光度计等手段测试分析 $Cu_2(Zn_xFe_{1-x})SnS_4$粉体的物相、微观结构、形貌和吸光率，并且考察络合剂的用量、金属离子的掺杂、合成温度与时间等工艺参数对产物结构性能的影响。

1970 年 Fijishima 与 Honda 等科研工作者在研究 TiO_2电极上的光致分解实验时注意到一个现象：在水中插入一个 N 型半导体电极和一个铂电极，当用低波段的光直射 N 型电极时，发现 N 型电极有氧气产生，而铂电极端有氢气产生。后来人们解释了这一现象，由于光照射，N 半导体电极产生极具氧化还原性的空穴电子对，N 型半导体仅仅作为一种媒介，不参加反应，但却能将光能转化为化学能。此后光催化步入发展的上升期。

目前已发现的适用于光催化的氧化物材料主要有二氧化钛、氧化锌、氧化钨等。能否达到光催化要求，须要考虑能带间的位置，在能量角度上或是在氧化还原性方面考虑达到光催化发生效果的条件。光催化材料通过电子空穴对与周围环境发生反应，生成过氧根离子，从而间接产生光催化效果，由这批氧化还原能力较强的离子基团不断发生催化过程。因此是否能够发生光催化反应，不仅要考虑到能带的位置，还要注意光生载流子和活性基团的寿命、反应环境，等等。

半导体光催化机理如图 6-1 所示。

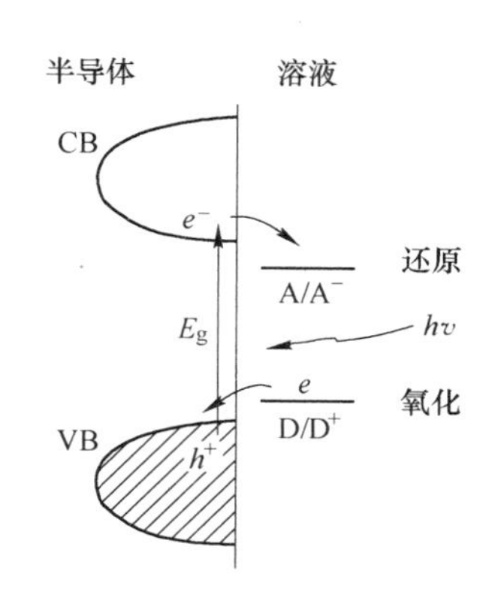

图 6-1　半导体光催化机理

（1）晶体结构。CZTS 的晶型主要有锌黄锡矿（KS）与黄锡矿（ST）两类结构，锌黄锡矿结构的 CZTS 属于正方晶系，其禁带宽度大约1.48eV，表面活性更高，反应速度更快。结构上的一些小缺陷也能成为电子或空穴捕获核心，抑制两者复合。

（2）粒径大小。催化材料的粒径大小也会对性能产生一定的影响。由于纳米级别的微粒产生量子尺寸效应，较小尺寸的颗粒会使价带与导带之间的能级变得更加分立，相位电荷差变大，氧化还原能力更加强，吸收波长向短波区移动，禁带宽度加宽。粒子直径越大，颗粒表面会有越多的孔隙，会加强材料的吸附化学污染的能力。而在载流子复合之前的移动距离大于粒子直径时，空穴与电子复合几率下降，材料的比表面积提高，低浓度的气态污染物被聚集利于反应。

（3）比表面积。当表面活性中心固定时，表面积愈大其反应接触面积愈大，反应速率越高。一般的光催化因为是通过氧化还原性质起到光催化效果，所以没有确定的活动中心，由比表面积大小决定催化剂活性。

铜锌铁锡硫的光电特性：铜锌铁锡硫五元半导体与铜铟镓硒相比，不含有稀有元素铟和硒，且与碲化镉相比不含有有毒的镉，再加之吸收层系数高以及禁带宽度适宜可调是极具潜力的一种新型材料。作为一种五元半导体且Ⅰ-Ⅱ-Ⅲ-Ⅳ-Ⅵ族直接带隙半导体材料，其禁带范围为（1.36±0.02)~(1.51±0.02)eV，相对于太阳能电池所需要的最优禁带范围有较高的匹配度。与此同时CZFTS的宽大的吸收系数在一定程度上可降低太阳电池所需的厚度，使得材料应用到器件中时更加轻薄，且制造成本进一步降低。材料中的四种元素——铜、锌、锡、硫属于常见元素，矿产储量非常丰富。用铜锌锡硫替代传统的光电材料具有更为广泛的应用价值。

铜锌铁锡硫的热电特性：通过对 Cu_2ZnSnS_4 的Zn位进行掺杂，其热电性能具显著的提高，高性能的热电材料应当有很高的Seebeck系数，进而确保热电性能效果更佳，热导率更低，使得热量保持在接头处；同时还要保持较小的电阻率，产生较小的焦耳热。评价热电转换效率高低通常看热电优值（Z）T 的大小，$Z(T) = S^2T\sigma/K$（S 为材料的热电动势率，也就是Seebeck系数的数值；T 为绝对温度；σ 为电导率；K 为热导率）。

Seebeck效应：温度改变不仅会引起电流，还会产生电势差。由于电子空穴对的动能随温度的升高而升高，故导体热端的载流子较冷端的载流子具有更多的热能。所以从冷端流向热端的载流子多于另一个方向的，这样载流子就会在较冷的那个端口积累，从而两端就会产生电动势 ΔV。

$$S(T) = \lim_{\Delta T \to 0} \frac{\Delta V}{\Delta T}$$

载流子是空穴时，较热端为负，S 是正值；载流子为电子时，较冷端为负，S 是负值。一直以来热电转换效率偏低（小于10%）成为制约热电材料发展的主要原因，因此，提高 $Z(T)$ 值一直是科研工作者追求的目标。

6.3　实验设备和材料

6.3.1　实验试剂

实验所用试剂见表6-1。

表 6-1 实验所用试剂

名称	分子式	规格	相对摩尔质量	原料生产厂家
硫脲	H_2NCSNH_2	分析纯	76.12	天津市大茂化学试剂
氯化铜	$CuCl_2 \cdot 2H_2O$	分析纯	170.48	上海山浦化工
乙醇	C_2H_6O	分析纯	46.07	国药集团化学试剂
二水合氯化亚锡（Ⅱ）	$SnCl_2 \cdot 2H_2O$	分析纯	225.65	国药集团化学试剂
硝酸铁	$Fe(NO_3)_3 \cdot 9H_2O$	分析纯	404	上海山浦化工
乙二醇	$C_2O_2H_6$	分析纯	62.07	江苏彤晟化学试剂
聚乙烯吡咯烷酮 K30	$(C_6H_9NO)_n$	优级纯	40k	国药集团化学试剂

6.3.2 实验仪器

实验所用设备及仪器见表 6-2。

表 6-2 实验所用设备及仪器

设备名称	型号	生产厂家
电子分析天平	FA2204B	上海精科天美科学仪器
多头磁力加热搅拌器	HJ-4A	常州国华电器
电热恒温鼓风干燥箱	DL-101-1135	天津中环实验电炉
光化学反应仪	BL-GHX-V	上海比朗仪器
紫外可见分光光度计	UV752	南京博斯科仪器
电动离心机	XYT 80-2	金坛市恒丰仪器
超声波清洗机	WF-120E	宁波海曙五方超声设备
扫描电镜	QUANTA200	荷兰 FEI
X 射线衍射仪	DX-2700	丹东方圆仪器

6.4 实验内容和步骤

为探索出绿色环保、成本低、效益高的方法，实验以乙二醇为有机溶剂，采用金属氯化物 Cu、Zn、Fe、Sn 等原料来合成 CZFTS。由于 CZFTS 是五元化合物，因此在试验过程中极易出现反应不充分，或是快速反应造成的二元相、三元相、四元相等多元杂相的产生，较难得到单一相化合物。在控制变量方面，尝试在不同参数中对比选取更加合适的条件。实验原料的选择和溶剂的含量不能过高，否则会将会导致反应过快，产生多余的沉淀，影响反应的下一步发展。

实验操作流程大致如下：

（1）步骤 1。在 100mL 洁净的烧杯中倒入 80mL 的乙二醇溶剂，放入转子，置于多头磁力加热搅拌器上预搅拌，然后用电子天平称量氯化铜 0.4262g（按摩尔比计算出的量，其值可以等倍数放大或缩小）加入溶液中，此时溶液呈现蓝色半透明状。

（2）步骤 2。常温下搅拌 20min 后，紧接着称量金属前躯体乙酸锌 0.2744g，硝酸铁

0.0505g，氯化亚锡（$SnCl_2 \cdot 2H_2O$）0.2821g，依次加入，时间间隔 20min。

（3）步骤3。添加硫源，用称量纸称硫脲 0.3806g，加入混合溶液，添加时需均匀缓慢添加，以防快速反应产生絮状沉淀等化合物杂相。若是需要对比形貌，可在均匀混合溶液后接着称 0.4g 聚乙烯吡咯烷酮，以优化表面形貌及后续光催化性能。

（4）步骤4。把配置好的澄清透明的 CZFTS 混合液倒入容量相应的水热反应釜中，旋紧反应釜，放入电热恒温鼓风烘箱中，温度预调 200℃，等温度衡定时记下时间点，并恒温反应 24h。其他对比实验中改变温度或恒温时间达到对比效果。

（5）步骤5。反应时间到后，冷却反应釜，确保容器内温度压力达到安全值后取出 CZFTS 混合溶液。用干净的离心管装入溶液，放置在电动离心机中，转速 3000/min，离心 5min。

（6）步骤6。离心机停止转动后，取出离心管，此时溶液有明显的分层现象，为固体状黑色沉淀物，上层为棕黑色清液。去掉上层清液，提取出沉淀物，并加入去离子水，上下摇动均匀混合，再次离心，转动速度及时间同步骤5。重复此离心步骤4次。

（7）步骤7。多次离心后，取出底端沉淀物，取干净烧杯装存，并放入电热恒温鼓风干燥箱中，调设温度 100℃进行烘干，时间 5h。

（8）步骤8。干燥后，用药品勺刮出烧杯底部干燥粉末，并装入样品袋中，进行下一步 XRD 和 SEM 检测。

（9）步骤9。由于每次实验所得粉末质量大约为 0.3g，为进行下一步电输运研究，需粉体 5g 烧制陶瓷，故多次重复上述步骤 1~7，控制变量，聚集足够质量的料进行下一步的研究。

6.5 注意事项

（1）注意实验室实验中按照指导老师要求实验；

（2）注意实验过程中的安全，如电、水、火，实验中的试剂如酸、碱的使用；

（3）注意实验结束后卫生打扫等。

参考文献

[1] Liu W, Guo B, Mak C. Facile synthesis of ultrafine Cu_2ZnSnS_4 nanocrystals by hydrothermal method for use in solar cells [J]. Thin Solid Films, 2013, 535 (15): 39 - 43.

[2] Thimsen E, Riha S C, Baryshev S V, et al. Atomic layer deposition of the quaternary chalcogenide Cu_2ZnSnS_4 [J]. Chen Mater, 2012, 24 (16): 3188-3196.

[3] 王文忠，任青山．分层铜锌锡硫纳米结构的合成及其光催化性能研究 [J]. 中央民族大学学报，2014，23（1）：6-7.

[4] 蔡倩，梁晓娟，钟邵，等．溶剂热法制备球状 Cu_2ZnSnS_4 纳米晶及其表征 [J]. 物理化学学报，2011，27（12）：2920-2926

[5] 方云霞．水热法制备 Cu_2ZnSnS_4 半导体纳米晶材料的研究 [J]. 华南理工大学，2013，24（8）：1477-1483.

实验 7　Pr^{3+} 掺杂对钨酸铋结构和光催化性能的影响

7.1　实验目的和要求

（1）掌握 Bi_2WO_6的结构及制备方法；

（2）掌握光催化剂的反应机理；

（3）掌握钨酸铋粉体前驱液与水热反应机理。

7.2　实 验 原 理

Bi_2WO_6是一种钙钛矿型半导体，光照后受激发电子跃迁产生电子空穴对，电子空穴对的氧化还原能力极强，容易与有机物以及高分子化合物发生氧化还原反应。Bi_2WO_6的禁带宽度为 2.75eV，在 Bi 原子的 6s 和 O 原子 2p 杂化轨道形成价带，在 W 原子 5d 轨道形成导带，能被可见光激发，在可见光下能够具有较高的光催化活性。

如图 7-1 所示，Bi 与 O 原子夹在两层 WO_6中，这种结构的多元氧化物具有比其他结构更高的光催化效率，可能是夹层间的空隙容纳了更多的光生电子，也降低了电子空穴的复合效率，让更多电子空穴对发生氧化还原反应。

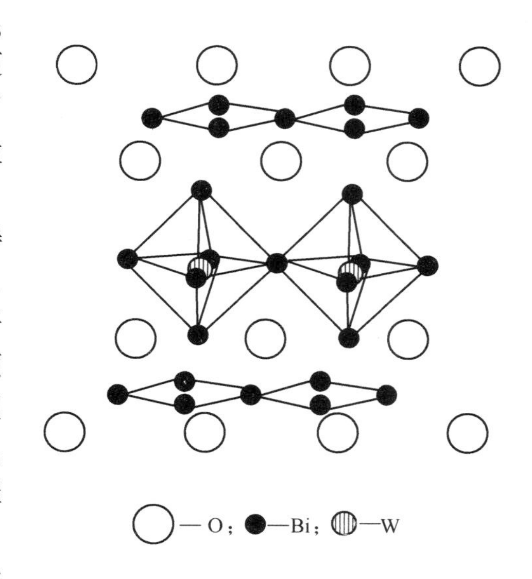

图 7-1　Bi_2WO_6的晶体结构

稀土元素具有丰富的能级和 4f 电子跃迁特性，易产生多电子组态，有着特殊的光学性质，其氧化物也具有晶型多、吸附选择性强、电子型导电性和热稳定性好等特点，从而在各项领域都有广泛应用，在光催化剂改性和构造新型光催化剂体系方面有着良好的应用。在 Bi_2WO_6中掺杂适量稀土元素，对于优化 Bi_2WO_6的光催化活性，有着不错的效果。

目前，国内外研究者对于在 Bi_2WO_6中掺杂适量稀土元素的研究也取得了不错的进展，王玉洁等采用水热法制备稀土离子 Pb^{2+}、Sr^{3+}、Zr^{4+}掺杂于 Bi_2WO_6纳米光催化剂，并发现适当浓度的 Pb^{2+}、Sr^{3+}、Zr^{4+}均能提高 Bi_2WO_6光催化剂的光催化性能，具体效果为在可见光照射下对罗丹明 B 具有较高的降解率。甄延忠等以Gd^{3+}、Dy^{3+}掺杂于水热法制备的Bi_2WO_6中，发现Gd^{3+}、Dy^{3+}的掺杂有效提高了光能的利用率，还提升了光催化剂的脱硫效果。王春英等以水热法制备Bi_2WO_6并掺杂Ce^{3+}、La^{3+}，在降解罗丹明B与活性艳红X-3B的测试中发现相较于纯Bi_2WO_6有更好的光催化效果，比表面积均有所提高。

Bi_2WO_6的制备方法有如下几种：（1）高温固相法，优点为成本低、产量大、制备工艺简单；缺点是能耗大、效率低、颗粒较大、比表面积较小，致使光催化活性相对较低。（2）液相沉淀法，优点是工艺设备简单、操作简便、易于实现工业化生产；缺点是颗粒较大，洗涤过滤困难。（3）微乳液法，优点是界面性好，缺点是单分散性差。（4）水热法；通过加热，使反应釜内压力升高，从而使反应物处于高温高压状态，使一些常温常压下难溶的物质充分溶解并使其发生化学反应，优点为工艺简单，能制备出高分散、粒度均匀、高纯度、成分纯净的粉体；缺点是不能直接观察晶体生长过程。通过比较，本实验采用水热法制备Bi_2WO_6。

7.2.1 光催化剂的反应机理

半导体光催化剂的能带结构决定了其催化性能。能带结构包括填满电子的低能价带与空的高能导带以及价带与导带之间的禁带，禁带也称为带隙，用E_g表示。禁带是不连续的，一般情况下，电子不会从价带跃迁到导带上。只有在受到能量$h\nu$的光照射时，若$h\nu$大于E_g，电子便能够接受光子的能量发生跃迁，电子跃迁到导带上，为了区分跃迁前后的情况，我们将价带上原电子所在称为空穴。

半导体在光的作用下产生电流，电子流动形成电子空穴对，是很简单的光电效应。如图7-2所示，形成的电子空穴对和氧气与水发生反应生成·OH、O_2·，从而对有机污染物进行氧化，将他们分解成CO_2与H_2O。

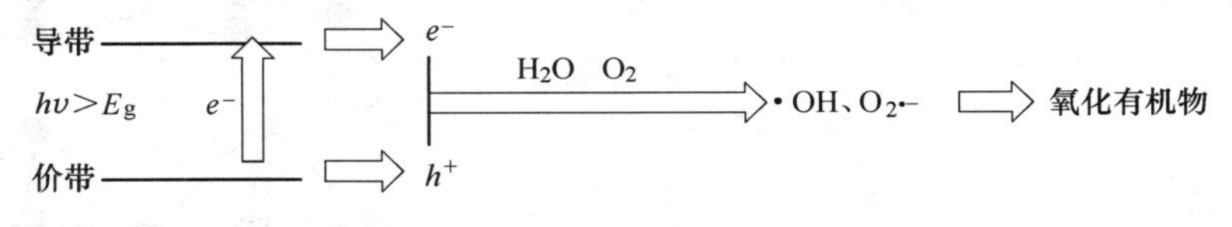

图7-2 半导体光催化剂的反应机理

在光作用下，产生的电子空穴对从本质上讲有两种运动途径，一种是在表面与内部的再结合过程，这个过程只有热量放出，对光催化性能并没有影响，纯Bi_2WO_6中，电子空穴的大部分就是这种形式复合，光催化性能并不是很高。另一种是电子空穴分别在催化剂粒子表面与其他物质发生氧化还原反应，这是光催化中的有效反应。

影响半导体光催化活性的因素包括以下几个方面：（1）带隙，带隙决定了半导体的光学特性，决定了半导体能够吸收的波长范围。（2）电子空穴对的分离与复合，由上文所述，电子空穴对复合有两种方式，通过提高第二种复合方式的比例可提升光催化性能，以提高能量利用效率。（3）晶体结构，晶体结构对于光催化性能的影响在于其空隙可能容纳额外的光生电子，从而提高第二种电子空穴复合方式的比例。（4）晶格缺陷，若缺陷成为电子空穴对二者之一的捕获中心时，能产生更多电子空穴对，其光催化性能增强；若缺陷成为电子空穴对的复合中心，会增加第一种电子空穴对复合比例，从而产生额外的热量，降低光催化活性。(5) 比表面积，其越大，越能吸附更多的有机物，使其与电子空穴对充分反应，光催化活性得以提高。(6) 催化剂颗粒尺寸，尺寸越小，电子空穴对复合几率越小，其产生的自由基也越多，光催化活性也越高。

7.2.2 钨酸铋粉体前驱液与水热反应机理

将称取的硝酸铋放入烧杯中并倒入适量蒸馏水之后，由于硝酸铋是强酸弱碱盐，故很容易在水中发生水解，水解产物为硝酸与硝酸氧铋，产物硝酸的存在使整个溶液显酸性。实验的另一主要药品为钨酸钠，与硝酸铋相反，为强碱弱酸盐，在硝酸铋充分搅拌溶解后加入钨酸钠溶液，各自生成水解产物就会产生 H_2WO_4 沉淀，H_2WO_4 沉淀颗粒较小，溶液显示为乳白色悬浊液。进行水热反应时，硝酸氧铋与 H_2WO_4 受到烘箱提供的能量，其连接键断裂，在溶液中产生 BiO^+ 和 WO_4^{2-}，随着反应的进行，BiO^+ 和 WO_4^{2-} 的浓度越来越高，达到可以使晶粒成核的条件时，BiO^+ 和 WO_4^{2-} 便按比例结合生成钨酸铋晶核，并逐渐长大到一定程度，结晶过程中 BiO^+ 和 WO_4^{2-} 这两种离子浓度降低，硝酸氧铋与 H_2WO_4 会继续断裂以提供 BiO^+ 和 WO_4^{2-} 这两种离子，使反应可以持续进行。

7.3 实验设备和材料

7.3.1 实验仪器型号

实验所用主要仪器及设备见表 7-1。

表 7-1 实验所用主要仪器及设备

名　　称	型　　号	生产厂家
数显恒温磁力搅拌器	HJ-3	江苏金坛市荣华仪器制造有限公司
电子天平	FA2204B	上海精科天美科学仪器有限公司
电热鼓风干燥箱	DHG-975	上海一恒科学仪器有限公司
不锈钢反应釜	100ml	济南恒化科技有限公司
X 射线衍射仪	Rigaku-D/MAX-2550PC	日本株式会社理学公司
紫外分光光度计	UV752	南京博斯科仪器设备有限公司
离心机	TG16G	盐城市凯特实验仪器有限公司
数控超声波清洗器	KQ-250DE	昆山市超声仪器有限公司
光化学反应器	BL-GHX-V	上海比朗仪器有限公司

另外用到烧杯、pH 试纸等实验室常用物品，未在表中列出。

7.3.2 实验药品

实验所用主要设备及仪器见表 7-2。

表7-2 实验所用主要设备及仪器

名 称	分子式	生产厂家
硝酸铋	$Bi(NO_3)_3 \cdot 5H_2O$	上海山浦化工有限公司
钨酸钠	$Na_2WO_4 \cdot 2H_2O$	天津市永大化学试剂有限公司
亚甲基蓝	$C_{16}H_{18}ClN_3S$	国药集团化学试剂有限公司
硝酸镨	$Pr(NO_3)_3$	天津市津科精细化学研究所
氢氧化钠	NaOH	上海彤晟化学试剂有限公司
无水乙醇	CH_3CH_2OH	国药集团化学试剂有限公司
稀硝酸	HNO_3	上海彤晟化学试剂有限公司

所使用药品除稀硝酸外，俱为分析纯，实验室所使用水均为蒸馏水。

7.4 实验内容和步骤

如图7-3所示，按照反应方程式以及样品掺杂量，计算硝酸铋、钨酸钠、硝酸镨的应称取量。称好硝酸铋后将其倒入100mL烧杯，量取15mL蒸馏水倒入，记为A烧杯，放入转子，将烧杯放在磁力搅拌器上；然后称取钨酸钠与硝酸镨，分别放入烧杯中并加15mL蒸馏水，记为B、C烧杯，轻微晃动，促使溶解。约40min后，硝酸铋充分溶解，晃动烧杯无肉眼可见沉淀，将硝酸镨缓慢倒入A烧杯中，搅拌30s后将钨酸钠溶液逐滴滴入A烧杯中，并搅拌一段时间，使反应物充分接触，搅拌完成后，将A烧杯中牛奶状溶液倒入反应釜内衬，并量取15mL蒸馏水，分两次清洗A烧杯，将洗涤液倒进反应釜内衬。

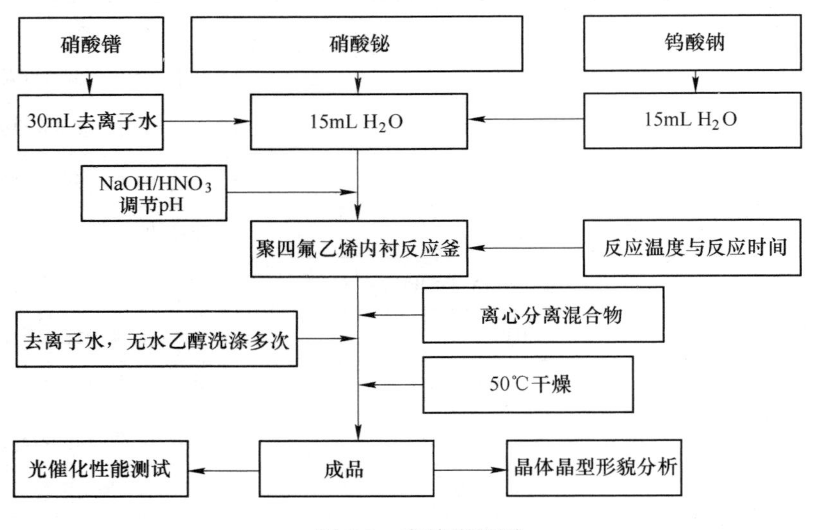

图7-3 实验流程图

旋上反应釜盖子，并用钢棒将其再次旋紧以保证高温下产生高压后不漏气，将其置入电热鼓风干燥箱，设置所需温度，并记录时间，运行烘箱达到一定时间后，关闭烘箱，使反应釜自然冷却至室温，取出反应釜进入下一步。

取出反应釜内衬，倒掉上层澄清液，在底部留少许液体，摇晃后将其倒入离心管，将多个离心管的液面调整到相平，进行离心。离心之后倒掉上层清液，并加入蒸馏水至多个离心管液面相平。重复离心操作，换用酒精洗涤两次。

之后将酒精倒入洗涤好的样品中，并充分震荡，使样品溶解于酒精，将浑浊液倒入洗净烧杯，放入烘箱60℃保温5~6h，至酒精完全蒸发，将所得样品用玻璃棒压成粉末状，倒入样品袋，并贴上标签纸进行编号。

图7-3所示为实验流程图，表7-3~表7-5为样品制备方案表。

表7-3　不同掺杂量的 Pr/Bi_2WO_6 制备方案表

pH	温度/℃	掺杂量/%
2	180	0.0，0.4，1.0，1.5，2.0，2.5，3.0，4.0
2	180	0.0，0.4，1.0，1.5
2	140℃	0.0，0.4，1.0，1.5，2.0
2	200	0.0，0.4，1.0，1.5，2.0

表7-4　不同pH的 Pr/Bi_2WO_6 制备方案表

时间/h	温度/℃	pH
12	180	1，2，3，4，5，6，7

表7-5　不同时间的 Pr/Bi_2WO_6 制备方案表

pH	温度/℃	时间/h
2	180	16，12

7.5　实验注意事项

（1）注意实验室实验中按照指导老师要求实验；

（2）注意实验过程中的安全，如电、水、火，实验中的试剂如酸、碱的使用；

（3）注意实验结束后卫生打扫等。

参 考 文 献

[1] 张金龙，陈锋，等．光催化［M］．上海：华东理工大学出版社，2012：7-8.

[2] 吴亚帆．钨酸铋的制备以及光催化降解四环素研究［D］．西安：长安大学，2014：7-9.

[3] 甄延忠，等．Gd^{3+}、Dy^{3+}掺杂 Bi_2WO_6 的合成及光催化脱硫活性的研究［J］．稀土，2013，35（1）：66-70.

[4] 王春英，等．稀土 Ce^{3+} 掺杂 Bi_2WO_6 光催化降解罗丹明B的研究［J］．中国环境科学．2015，35（9）2682-2689.

[5] 王春英，等．稀土 La^{3+} 掺杂 Bi_2WO_6 光催化降解活性艳红X-3B的研究［J］．中国环境科学．2015，35（7）：2007-2013.

实验 8 双层碳包覆金属氧化物核壳结构的制备及其储锂性能研究

8.1 实验目的和要求

(1) 了解锂离子电池的工作原理及制备过程;

(2) 了解纳米过渡金属氧化物负极材料。

8.2 实 验 原 理

锂离子电池的核心部件是电极，包括正极材料和负极材料，两者都是锂离子嵌入化合物。工作原理：在充电时，锂离子从正极脱离，通过电解质插入负极；在放电时，则相反。整个电池运行就是锂离子在正极与负极之间不断地嵌入和脱嵌，两个电极在充放电时能够容纳的锂离子数量越多，其电池容量就越大；其体积效应越小，循环寿命就越长。

锂电池充放电循环机理示意图如图 8-1 所示。

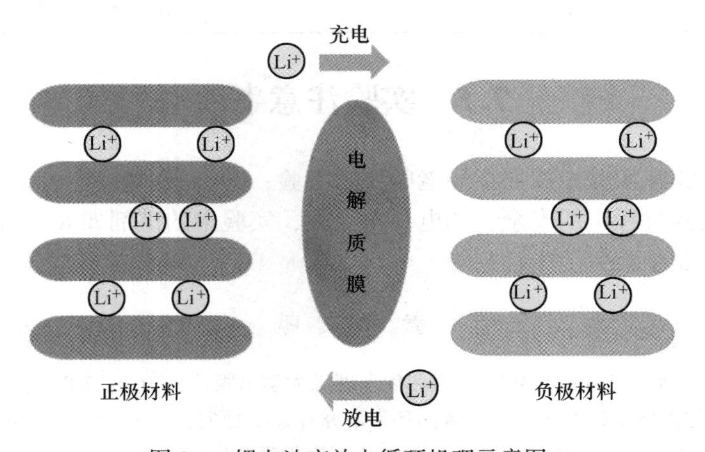

图 8-1 锂电池充放电循环机理示意图

所以要提高锂离子电池的性能，寻找新型两极材料是关键。常见的正极材料有 $LiCoO_2$、$LiNiO_2$、$LiMn_2O_4$等，目前最常用的研究方法是通过改性提高它们本身的性能和复合两个或以上的材料来弥补各自的缺点以期获得更高性能的正极材料。就目前的研究成果来看新型正极材料的开发并不能让锂离子电池容量和循环寿命有较大的提升，因此人们把研究的热点转向新型负极材料的开发。

目前市场上大都采用石墨作为锂离子电池的负极材料，石墨本身无毒、导电率较高、稳定性好、成本低，但有其自身的局限性，其理论比容量仅有 372mA · h/g，现在研究出的石墨负极电池的电容量已经极其接近于理论值，已经没有潜力可以挖掘。现在有能力代替石墨的新型负极材料主要有碳基材料、$Li_4Ti_5O_{12}$、金属氧化物、锡基、硅基等。

经研究发现过渡金属氧化物如 Fe_2O_3、SnO_2、NiO，MnO_2具有很高的理论比容量，为石墨的 3 倍以上；且都具有价格低廉、环境友好等优点。但是其作为负极材料都存在首次库伦效率低、高倍率充放电容量低和循环稳定性较差等缺陷，限制了其广泛应用。前者可以通过使材料纳米化，提高材料比表面积，增加其储锂活性来解决；后者是因为金属氧化物结构脆弱，在充放电过程中引起的体积效应过大，使材料粉化，大大降低电池循环寿命，故需要通过与其他材料复合的方法来改善。碳素材料大都结构稳定，在充放电时引起的体积效应微乎其微。其中无定型碳能解决体积效应过大的问题，同时还能提高材料的导电性，且不会对金属氧化物有任何影响。近年来，制备各种不同的纳米金属氧化物及其复合物已经成为研究的一个热点。

8.2.1 MnO/MnO_2纳米复合材料

Mn 的金属氧化物如 MnO_2的理论比容量为 756mA · h/g，2014 年刘军磊通过热解聚丙烯酸锰改性的聚氨酯海绵，制备出了 MnO@ C 微米片复合物，在 100 mA/g 的充放电流密度下，首次可逆容量为 711.2mA · h/g，在 50 次循环后具有 797.6mA · h/g。同年，王天宇通过热分解法直接生长出 MnO_2@ C 纳米复合材料，其在电流密度为 0.1A/g 和 2A/g 时，容量分别达到了 800mA · h/g 和 520mA · h/g。

8.2.2 SnO_2纳米复合材料

Sn 的金属氧化物如 SnO_2的理论比容量为 790mA · h/g，其作为电池负极材料结构不稳定，电池运行时材料易膨胀、粉化。解决的办法有将其制成纳米级材料和与碳形成复合材料。例如，2015 年周慧敏、李志勇等人在论文中介绍了静电纺丝技术，结合高温烧结、水热反应、化学沉积等方法合成制备了 SnO_2@ C 纳米纤维，并在此基础上制备了许多 SnO_2与碳的纳米复合材料，其电容量在电池循环 50 次后仍保持在 700mA · h/g 左右。

8.2.3 NiO 纳米复合材料

Ni 的金属氧化物如 NiO 的理论比容量为 718mA · h/g，其具有可控的形貌和多级多孔结构，从而受到广泛的研究。2013 年夏阳通过化学浴沉积法、生物模板法制备出了 NiO@ C 复合微球，其首次充放电比容量分别为 1112mA · h/g 和 828mA · h/g。2014 年董涛通过两步水热法合成出 NiO@ C 纳米复合材料，其在电流密度 140 mA/g 时首次放电比容量为 2398.4 mA/g，循环 30 次后，可逆比容量达到 920mA · h/g。

8.3 实验设备和材料

8.3.1 实验所用试剂

实验所用主要试剂见表 8-1。

表8-1 实验所用主要试剂

名　称	纯度和浓度/%	生产厂家	外观
无水乙醇	99.7	国药集团化学试剂有限公司	无色透明液体
浓盐酸	36~38	江苏彤晟化学试剂有限公司	无色透明液体
氨水	25~28	国药集团化学试剂有限公司	无色透明液体
甲醛溶液	37~40	烟台市双双化工有限公司	无色透明液体
间苯二酚	99.5	国药集团化学试剂有限公司	白色结晶
十六烷基三甲基溴化铵	99	ALDRICH 化学试剂有限公司	白色粉末
正硅酸四乙酯	28.4	国药集团化学试剂有限公司	无色透明液体
P ® F-127	AR	SiGMA	白色结晶
高锰酸钾	99.5	江苏彤晟化学试剂有限公司	黑紫色结晶
无水三氯化铁	AR	ALDRICH 化学试剂有限公司	褐色粉末
尿素	99	国药集团化学试剂有限公司	白色结晶粉末
二水合氯化亚锡	98	ALDRICH 化学试剂有限公司	白色结晶
硫代乙醇酸	98	ALDRICH 化学试剂有限公司	无色透明液体
六水合硝酸镍	98	ALDRICH 化学试剂有限公司	绿色结晶颗粒
六亚甲基四胺	99	国药集团化学试剂有限公司	白色结晶
柠檬酸钠	99	天津市永大化学试剂有限公司	白色结晶
氢氟酸（HF）	40	国药集团化学试剂有限公司	无色透明液体
氢氧化钠（片状）（NaOH）	96	国药集团化学试剂有限公司	白色均匀片状固体

8.3.2 实验所用仪器

实验所用主要仪器及设备见表8-2。

表8-2 实验所用主要仪器及设备

仪器名称	型　号	厂　家
电子分析天平	JJ224BC	常熟市双杰测试仪器厂
磁力搅拌器	85-2A	金坛市科析仪器有限公司
真空管式炉	SGL-1200	中国科学院上海光学精密机械研究所
电子天平	TB-25	赛多利斯科学仪器（北京）有限公司
超级净化手套箱	1220/750/900	米开罗那（中国）有限公司
高精度电池性能测试系统	CT-3008-5V30mA-S4	深圳市新威尔电子有限公司
台式高速冷冻离心机	TGL-16A	长沙平凡仪器仪表有限公司
电化学工作站	Zennium	ZAHNER
超声清洗机	QTR10260-031	深圳市雷诺德科技有限公司

8.4 实验内容和步骤

8.4.1 制备 200nm 单分散 SiO_2球

配制溶液 A 置于 500mL 圆底烧瓶中：8mL 浓氨水 + 60mL 乙醇 + 16mL 水，置于烧瓶中，超声 30min 后，高速搅拌 30min（搅拌速度是 1100r/min）；配制溶液 B 于烧杯中：8mL 正硅酸乙酯+ 100mL 乙醇，超声 10min 后（注意超声水温度低于 10℃）高速搅拌 30min；将溶液 B 用注射器快速加入 A 中，并尽量不要让溶液 B 接触瓶壁，这一点非常重要；1min 后，将搅拌速度降低（适中，一般调到 360r/min 或者 400r/min）；封住反应烧瓶的口，室温下继续反应 8h 后，立即离心（6000r/min 5min）；离心，用乙醇洗 3 遍，70℃干燥 2h，称重，研磨。

8.4.2 制备 SiO_2@PF resin（酚醛树脂）复合材料

取 0.4g 单分散 SiO_2分散于 100mL（28.6mL 的去离子水和 71.4mL 无水乙醇）混合的水溶液中，超声搅拌 1h。把 2.4g 十六烷基三甲基溴化铵、0.35g 间苯二酚、0.2mL 的浓氨水加入上述溶液中，超声搅拌 30min；然后将之置于油浴中 45℃搅拌 30min，把 0.3mL 的甲醛溶液加入上述的混合溶液中，维持 45℃搅拌 2h。最后直接抽滤，用去离子水洗 3 遍，70℃真空干燥 2h，称重，标记。

SiO_2@PF resin 制备示意图如图 8-2 所示。

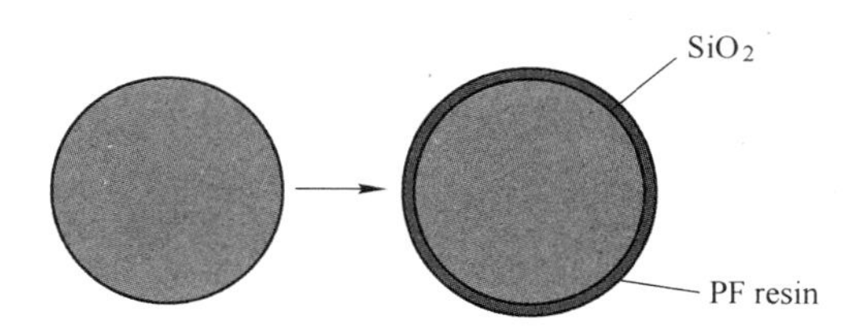

图 8-2 SiO_2@PF resin 制备示意图

8.4.3 制备 SiO_2@PF resin@M_xO_y(M=Fe、Sn）复合材料

将 0.3g 无水三氯化铁分散于（8mL 乙醇+27mL 去离子水）混合溶液中，搅拌至完全透明溶液，将 0.12g 尿素分散于其中，超声搅拌均匀。将 0.1g SiO_2@PF 分散于上述溶液中超声 30min，磁力搅拌 1h，然后将其转移到 50mL 的反应釜中，150℃反应 3h，抽滤、真空干燥、称重。

0.1g SiO_2@PF resin 分散于 40mL（含 20 mM 硫代乙醇酸，约 0.075g）的去离子水中，超声搅拌 30min，加入 0.25g 二水合氯化亚锡、0.5g 尿素、0.5mL 浓盐酸，超声分散 30min，室温搅拌 3h；然后将混合溶液转入 50mL 水热反应釜中，100℃反应 12h；反应结束后抽滤，用去离子水冲洗 2 次，乙醇洗一次，70℃真空干燥 2h，称重。

金属氧化物包覆 SiO_2@PF resin 制备示意图如图 8-3 所示。

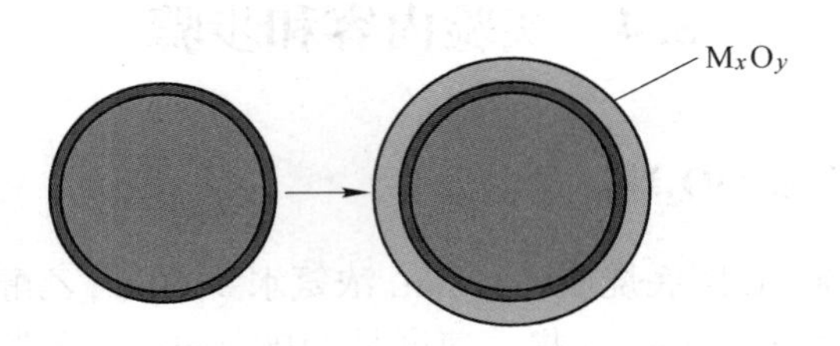

图 8-3 金属氧化物包覆 SiO_2@ PF resin 制备示意图

8.4.4 制备 SiO_2@PF resin@M_xO_y@PF resin 复合材料

取 0.4g SiO_2@ PF resin@ M_xO_y分散于 100mL（28.6mL 的去离子水和 71.4mL 无水乙醇）混合的水溶液中，超声搅拌 1h。把 2.4g 十六烷基三甲基溴化铵、0.35g 间苯二酚、0.2mL 的氨水加入上述溶液中，超声搅拌 30min；然后将之置于油浴中 45℃ 搅拌 30min，把 0.3mL 的甲醛溶液加入上述的混合溶液中，维持 45℃ 搅拌 2h；最后直接抽滤，用去离子水洗 3 遍，70℃ 真空干燥 2h，称重，标记。

PF resin 二次包覆制备示意图如图 8-4 所示。

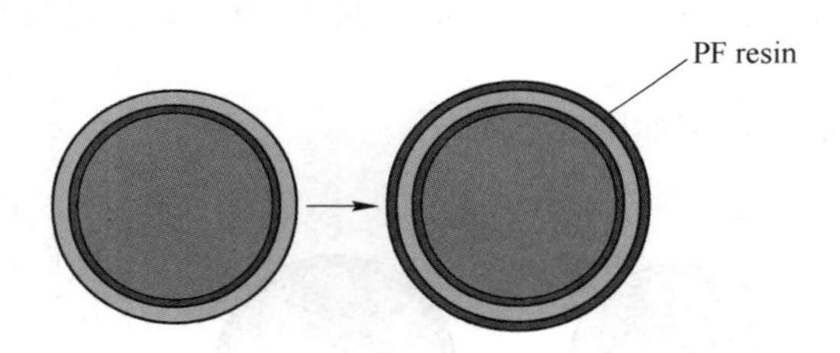

图 8-4 PF resin 二次包覆制备示意图

8.4.5 制备 C@M_xO_y@C 复合材料（M=Fe、Sn）

将 SiO_2@ PF resin@ M_xO_y@ PF resin 材料在 600℃ Ar 气氛下高温处理 5h，然后将其分散在 50mL 0.1 M 的 NaOH 溶液或 HF 溶液中，超声 30min，磁力搅拌 5h，抽滤后用去离子水洗 3 遍，真空干燥 70℃ 2h，制备得到目标材料。

C@ M_xO_y@ C 成品制备示意图如图 8-5 所示。

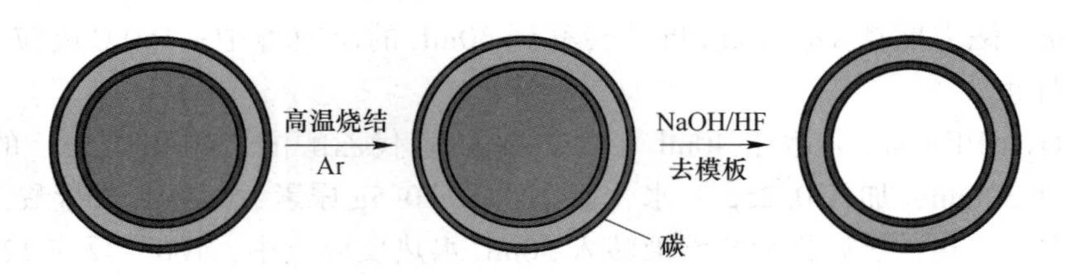

图 8-5 C@ M_xO_y@ C 成品制备示意图

8.5 实验注意事项

（1）注意实验室实验中按照指导老师要求实验；

（2）注意实验过程中的安全，如电、水、火，实验中的试剂如酸、碱的使用；

（3）注意实验结束后卫生打扫等。

参考文献

[1] 刘洋，艾常春，胡意，等．碳包覆金属氧化物作为超级电容器电极材料的研究进展［J］．化工进展，2013，32（8）：1849-1850.

[2] 方杰．金属氧化物及其复合结构在锂离子电池负极材料中的应用［D］．杭州：浙江理工大学，2013.

[3] 罗飞，黄杰，孙洋，等．锂离子电池基础科学问题（Ⅸ）——负极材料［J］．储能科学与基础，2014，3（2）：282-283.

[4] 马艳春．锂离子电池负极材料铁氧化物的制备及电化性能研究［D］．乌鲁木齐：新疆大学．2014.

[5] 李培养．氧化物/碳纳米复合材料的溶液燃烧制备及电化学性能优化研究［D］．太原：太原理工大学．2015.

实验9　水热法制备纳米钽酸钠及其光催化性能的研究

9.1　实验目的和要求

（1）掌握水热法制备纳米 $NaTaO_3$ 粉末技术；

（2）改变 NaOH 的浓度观察碱性环境对 $NaTaO_3$ 粉末性能的影响；

（3）研究 $NaTaO_3$ 粉末的光催化性能。

9.2　实验原理

9.2.1　半导体光催化原理

半导体光催化原理如图 9-1 所示。

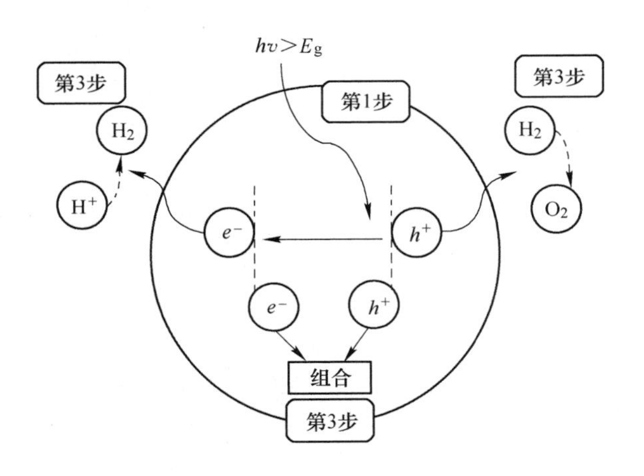

图 9-1　半导体光催化原理

光催化作用是光化学反应，在反应中，催化剂受到光照被激发，加快了反应速率，而其本身不发生反应，自身性质不会发生改变。半导体催化剂由于自身独特的价带结构，具有独特的光催化性能。按照固体能带理论，半导体中具有不连续的能带，在能带中的低能价带（VB）和高能导带（CB）之间存在着一个禁带，其价带顶和导带底的能量差称为禁带宽度或带隙（E_g）。当光催化剂受到超过本身禁带宽带能量的照射时，电子从价带激发到导带，这样价带就有了空穴，而导带多出了电子，光诱发电子可以吸附有机、无机物质。一般在表面上，电子受体会被半导体提供的电子还原，而空穴能迁移到表面上与电子的物质产生的电子结合，从而让该物质氧化。激发半导体波长应满足公式：

$$\lambda \leqslant 1240/E_g$$

式中，λ 为辐照光波长，nm；E_g 为催化剂禁带宽度，eV。

9.2.2 水热法制备钽酸钠

合成钽酸钠的方法主要有三种：高温固相反应法、水热法、溶胶凝胶法。高温固相法需要高温和持续的煅烧，反应产物的颗粒生长不可控，易团聚，产物光催化性能差；而溶胶凝胶法反应温度较低，制得的产物比表面积较大，具有优越的电子和晶体结构，比固相法具有更高的光催化活性。

相比于固相法和溶胶凝胶法，水热法以其温和的反应条件和易于控制的实验参数显示出极大的优势。可通过调整合成温度、时间、压力（外部压力及反应釜的填充度）、溶剂浓度、固液比和添加剂，控制产物的结构、形貌及性质。本实验选择水热法的原因主要有四个方面：（1）在三种方法中，水热法的操作最为简单，反应在较低温度进行；（2）能提供较为均匀的反应环境，晶体得到充分生长，结晶度好，易对晶体形貌进行控制；（3）水热产物不需要烧结等二次处理，可有效减少团聚现象，粉体分散性好；（4）水热法给反应提供一个密闭的状态，反应过程中可以保证无外来物的影响，生成产物的纯度高。

9.3 实验设备和材料

9.3.1 实验药品

实验主要原料是五氧化二钽（Ta_2O_5）和氢氧化钠（NaOH）水热反应，通过改变反应温度、反应时间、OH^-浓度和掺杂过渡金属（Zn^{2+}）来研究其光催化性能。

本实验所用实验药品及其信息见表 9-1。

表 9-1 实验所用主要试剂

实验原料	生产单位	纯度
五氧化二钽（Ta_2O_5）	国药集团化学试剂有限公司	分析纯
无水乙醇（C_2H_6O）	江苏彤晟化学试剂有限公司	分析纯
氢氧化钠（NaOH）	国药集团化学试剂有限公司	分析纯
罗丹明 B（$C_{28}H_{31}C_1N_{203}$）	上海展云化工有限公司	分析纯
硝酸锌（$Zn(NO_3)_2 \cdot 6H_2O$）	天津科密欧化工有限公司	分析纯

9.3.2 实验仪器

制备钽酸钠粉末过程和性能测试所需的主要仪器设备见表 9-2。

表 9-2　实验所用设备及仪器

实验仪器	生 产 单 位	型　　号
电子天平	上海精科天美实验仪器有限公司	FA2204B
电热鼓风干燥箱	上海一恒科学仪器有限公司	DHG-975
SEM 扫描电镜显微镜	荷兰 FEI	QUANTA200
电热磁力搅拌器	江苏金坛市金城国胜实验仪器厂	HJ-6A
X 射线衍射仪	日本株式会社理学公司	Rigaku-D/MAX-2550PC
紫外分光光度计	南京博斯科仪器设备有限公司	UV752
离心机	盐城市凯特实验仪器有限公司	TG16G
数控超声波清洗器	昆山市超声仪器有公司	KQ-250DE
光化学反应器	上海比朗仪器有限公司	BL-GHX-V

9.4　实验内容和步骤

9.4.1　钽酸钠的制备

在体积为 100mL 的聚四氟乙烯内套筒中加入 0.4420g Ta_2O_5（1mmoL）一定浓度的 NaOH，超声分散 15min 后密封，置于不锈钢外套筒中，加热到确定温度后保温一定时间；然后自然冷却至室温，将样品取出，倾倒出上层清液，用蒸馏水洗涤、过滤白色沉淀；再用无水乙醇洗涤、过滤白色沉淀两次；直至洗出液为中性；最后将样品在 60℃ 烘箱中干燥 6h，收集样品。

钽酸钠制备流程如图 9-2 所示。

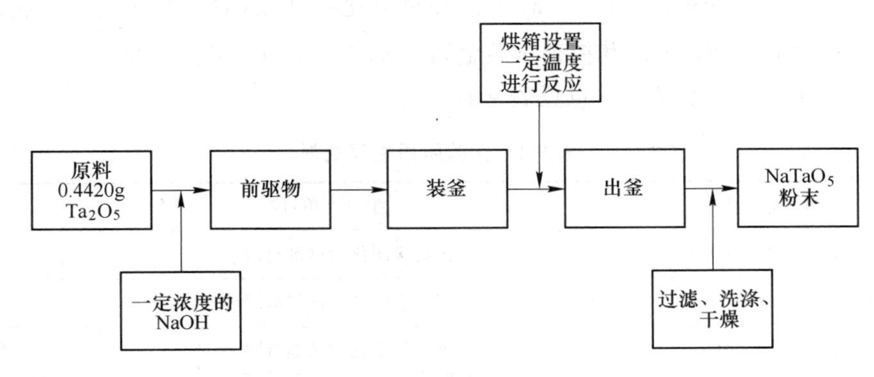

图 9-2　钽酸钠制备流程

9.4.2　过渡金属 Zn^{2+} 掺杂纳米 $NaTaO_3$ 粒子的制备

在体积为 100mL 的反应釜中加入 0.4420gTa_2O_5（1mmol）和不同摩尔比的硝酸锌［$Zn(NO_3)_2\cdot 6H_2O$］，加入 0.5mol/L 的 NaOH 溶液，搅拌均匀 15min 后密封，置于不锈

钢外套筒中，加热到200℃后保温12h；然后自然冷却至室温，将样品取出，倾倒出上层清液，用蒸馏水洗涤、过滤白色沉淀两次；再用无水乙醇洗涤、过滤白色沉淀两次；直至洗出液为中性；最后将样品在60℃烘箱中干燥6h，收集样品。

过渡金属 Zn^{2+} 掺杂的实验流程如图9-3所示。

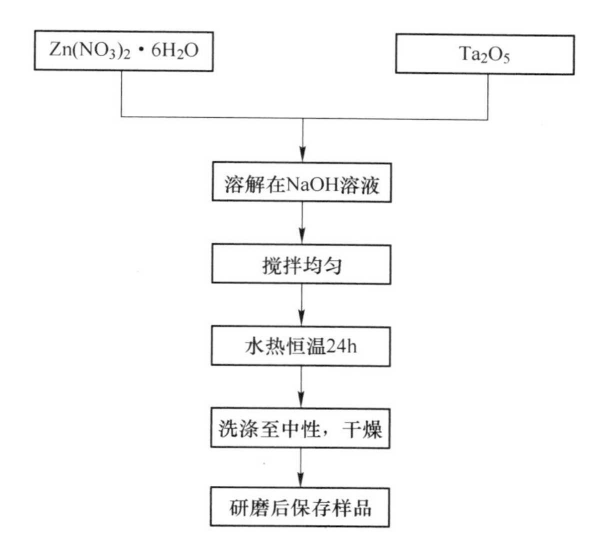

图9-3 过渡金属 Zn^{2+} 掺杂的实验流程

9.4.3 实验反应时间对性能的影响

反应时间是影响水热反应生成物形貌的一个重要因素。过短的反应时间反应无法完全进行，导致生成物内有大量杂质；而过长的反应时间可能破坏生成物的形貌，导致反应物性能下降，试验制定了4个反应时间来确定最佳反应时间。

反应时间见表9-3。

表9-3 水热反应时间

批次	1	2	3	4
时间/h	3	6	9	12

9.4.4 实验反应温度对性能的影响

最佳的反应温度对实验结果尤为重要，本实验制定了较大跨度的温度来确定制备较为完善的钽酸钠粉末的温度，配合反应时间的改变，所制得的样品形貌将大不相同，研究其中性能较好的样品制成条件。反应温度见表9-4。

表9-4 水热反应温度

批次	1	2	3	4
温度/℃	100	120	140	160

9.4.5 OH^-浓度对性能的影响

实验中使用原料中有 NaOH，在反应中原料都是在 NaOH 溶液中进行水热反应，即反应是在一个碱性环境中反应，无法预知这个碱性环境会对生产的样品产生怎样的影响，于是本实验制定了碱性浓度的改变来研究其影响。OH^-浓度的改变见表 9-5。

表 9-5 OH^-浓度

批次	1	2	3	4
浓度/mol · L^{-1}	0.5	1	1.5	2

9.4.6 Zn^{2+}的掺杂

为了提高钽酸钠的光催化性能，试着在反应中进行过渡金属离子的掺杂。选择了Zn^{2+}金属离子，完成后进行测试，研究其性能。Zn^{2+}金属离子的掺杂摩尔比见表 9-6。

表 9-6 Zn^{2+}金属离子的掺杂摩尔比

批次	1	2	3	4	5
摩尔比/%	0	3	5	7	9

NaOH 浓度为 0.5mol/L，反应温度为 200℃，反应 24h，为了有效比较掺杂性能，第一个样品为不掺任何其他物质的 $NaTaO_3$。

9.5 实验注意事项

（1）注意实验室实验中按照指导老师要求实验；

（2）注意实验过程中的安全，如电、水、火，实验中的试剂如酸、碱的使用；

（3）注意实验结束后卫生打扫等。

参考文献

[1] 徐同广．钽酸盐纳米光催化剂的可控制备及性能研究［D］．北京：清华大学，2007.

[2] 刘玉璐．过渡金属掺杂的水热合成及结构性能研究［D］．呼和浩特：内蒙古大学，2010.

[3] 唐长河．ZnO/$NaTaO_3$纳米复合物的制备及其光催化性能研究［D］．呼和浩特：内蒙古大学，2010.

[4] 孙超，黄浪欢，刘应亮．制备条件对 $Na_2Ta_2O_6$光催化剂形貌的影响［J］．暨南大学学报（自然科学版），2006，27：431-434.

[5] 孙超，黄浪欢，刘应亮．$Na_2Ta_2O_6$光催化剂的合成、表征及光催化性能分析［J］．化学研究与应用，2006，18：903-906.

实验 10　Si@M(M=Co、Ni、Cu)/C 复合的制备及其储锂性能

10.1　实验目的和要求

（1）掌握以 Mn、Sn、Co、Ni、Cu 等金属氧化物作为包覆的前驱材料，采用氢还原法制备其金属复合材料；

（2）掌握通过复合石墨烯制备高性能电极材料。

10.2　实 验 原 理

锂电池的工作原理：锂离子电池充电时，正极发生氧化反应产生的锂离子通过电解液嵌进负极材料中，锂离子电池的容量取决于锂离子嵌入负极材料的数量。所以，实际上锂离子电池的工作原理就是通过脱嵌锂来进行化学能和电能之间的相互转化。

充电时，正极发生脱锂过程，负极进行嵌锂，正极中的 Li^+ 通过隔膜和电解质嵌入负极石墨的层状结构中，完成电荷交换，同时，在外电路中电子从正极流向负极进行电荷补偿；相反，放电时负极发生脱锂过程，正极进行嵌锂，负极中的 Li^+ 通过隔膜和电解质回到正极中，同时，在外电路中电子从正极流向负极进行电荷补偿。上述过程完成一次锂离子电池的充放电循环，此循环过程具有很好的可逆性，使锂离子电池具备了较为良好的循环性能。

对于负极材料的选择需要遵循一定的原则：

（1）材料的理论电容量高，至少高于原先的碳素材料；

（2）脱嵌锂的电位要低，嵌入锂离子的数量越多，电池的容量越高；

（3）脱嵌锂离子的过程稳定，保证电池的循环可逆性；

（4）能够与黏结剂和电解液很好相容；

（5）较高的密度（大于 $2.0g/cm^3$），较小的比表面积（小于 $10m^2/g$）；

（6）原料容易获取，成本低；

（7）绿色环保，无毒。

现在市场上以及研究机构在使用和研究的负极材料大致可以分为以下几种：

（1）具有石墨结构的碳素材料，能够很好地脱嵌锂；

（2）金属材料，能够与锂反应形成合金；

（3）过渡金属氧化物，能够进行可逆转化。

10.3 实验设备和材料

10.3.1 实验所用试剂

实验所用主要试剂见表 10-1。

表 10-1 实验所用主要试剂

名 称	纯度（浓度）	厂 家	形 态
纳米 Si	99%	宏武纳米	黄色粉末
$Co(NO_3)_2 \cdot 6H_2O$	99%	Aladdin Industrial Corporation	结晶
$Ni(NO_3)_2 \cdot 6H_2O$	99.99%	Aladdin Industrial Corporation	颗粒
$Cu(CH_3COO)_2$	99.95%	Aladdin Industrial Corporation	蓝色粉末
$SnCl_2$	99%	AlfaAesar	白色结晶
$KMnO_4$	99.5%	江苏彤晟化学试剂有限公司	褐色结晶
无水乙醇	99.7%	国药集团化学试剂有限公司	液体
浓氨水	28%	国药集团化学试剂有限公司	液体
HCl	37%	江苏彤晟化学试剂有限公司	液体
尿素	99.5%	Aldrich	白色结晶
间苯二酚	99.5%	国药集团化学试剂有限公司	白色结晶
甲醛	38%	烟台双双化工有限公司	液体
p@ F127	—	SIGMA-AlORich	白色结晶
十六烷基三甲基溴化铵（CTAB）	99%	Aladdin Industrial Corporation	白色粉末

10.3.2 实验所用仪器、设备

实验所用主要设备及仪器见表 10-2。

表 10-2 实验所用主要设备及仪器

仪 器 名 称	型 号	厂 家
节能箱式电炉	SX-G13132	天津市中环实验电炉有限公司
超声清洗机	KM-410D	广州科洁盟实验仪器有限公司
磁力搅拌器	85-2A	金坛市科析仪器有限公司
循环水真空泵	SHA-D	台州市博奥真空设备有限公司
真空干燥箱	DZF-6030A	上海一恒科学仪器有限公司
台式高速冷冻离心机	TGL-16A	长沙平凡仪器仪表有限公司
真空管式炉	SGL-1200	中国科学院上海光学精密机械
电子分析天平	JJ224BC	常熟市双杰测试仪器厂
电热鼓风干燥箱	DHG-9145A	上海一恒科学仪器有限公司

续表 10-2

仪 器 名 称	型 号	厂 家
数码反馈温度控制器	WHM-C10D	DAIHAN Scientific Co.，Ltd.
电子天平	TB-25	赛多利斯科学仪器（北京）
超级净化手套箱	1220/750/900	米开罗那（中国）有限公司
高精度电池性能测试系统	CT-3008-5V30mA-S4	深圳市新威尔电子有限公司

10.4 实验内容和步骤

10.4.1 实验制备方法

实验流程如图 10-1 所示。

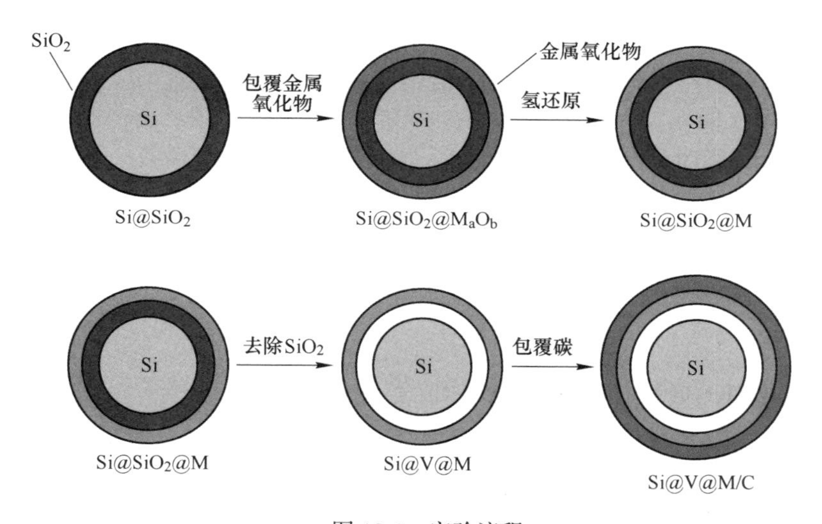

图 10-1 实验流程

10.4.2 制备 $Si@SiO_2$材料

用 150 nm 左右的 Si 粉在马弗炉中 500℃高温氧化 1h 制备得到含有 10~20nm 的 SiO_2 氧化层。

10.4.3 制备 $Si@SiO_2@M_xO_y$（M=Co、Ni、Cu 等）复合材料

10.4.3.1 $Si@SiO_2@NiO$ 的制备

将 0.1g 的 $Si@SiO_2$分散于 100mL 的去离子水中，超声搅拌 30min（控制水温室温）；将 0.125g 的 $NiSO_4 \cdot 6H_2O$ 溶解其中；将 0.025g 的过硫酸钾溶解在 5mL 的去离子水中；将第 2 步骤的水溶液加入第一步骤制备的水溶液中，超声 10min，加入 0.25mL 的浓氨水，室温下磁力搅拌 1h，抽滤后，用水洗两遍，乙醇洗一遍；真空干燥 70℃，2h，称重。

10.4.3.2 $Si@SiO_2@Co_3O_4$的制备

取0.1g的$Si@SiO_2$分散于100mL的去离子水中，超声搅拌30min（控制水温室温）；将10mol/L的$Co(NO_3)_2 \cdot 6H_2O$（0.291g）分散于其中，超声10min；将1g尿素加入上述步骤制备的水溶液中，超声10min后，将上述溶液转移至500mL圆底烧瓶中，60℃搅拌6h；反应结束后，抽滤，用水洗两遍，乙醇洗一遍；真空干燥70℃，3h，称重，制备得到$Si@SiO_2@Co_3O_4$。

10.4.3.3 $Si@SiO_2@Fe_2O_3$的制备

将0.15g $FeCl_3 \cdot 6H_2O$分散于（8mL乙醇+27mL去离子水）混合溶液中，搅拌至完全透明溶液，将0.06g尿素分散于其中，超声搅拌均匀；将0.1g $SiO_2@PF$分散于上述溶液中超声30min，磁力搅拌1h，然后将其转移到50mL的反应釜中，150℃反应3h，抽滤、真空干燥、称重。

10.4.3.4 $Si@SiO_2@CuO$的制备

0.38g乙酸铜溶解在100mL的去离子水溶液中，将0.1g $Si@SiO_2$分散于其中，超声1h；加入3mL的浓氨水，超声3min；将0.1g的海藻酸钠溶解在10mL的去离子水中；将此溶液加入上述溶液中，磁力搅拌2h；然后将溶液移至圆底烧瓶中，60℃反应12h，抽滤，用去离子水洗2遍，真空70℃干燥2h，称重。

10.4.3.5 $Si@SiO_2@MnO_2$的制备：

将0.01g P@F127分散于100mL去离子水中，超声搅拌溶解完全。将0.3g $KMnO_4$分散于上述混合溶液中，超声搅拌至溶液透明；将0.1g $Si@SiO_2$分散于上述溶液中超声30min，磁力搅拌1h；然后将至转移到圆底烧瓶中，60℃反应12h，抽滤、真空干燥、称重。

10.4.4 制备$Si@SiO_2@M$（M=Co、Ni、Cu等）复合材料

将$Si@SiO_2@M_xO_y$（M=Co、Ni、Cu等）在含5% H_2的H_2-Ar混合气氛中高温400~500℃还原制备得到$Si@SiO_2@M$。

10.4.5 制备Si@V@M/C复合材料

取0.2g样品分散于100mL（28.6mL的去离子水和71.4mL无水乙醇）混合的水溶液中，搅拌超声1h；把2.4g CTAB、0.35g间苯二酚、0.2mL的浓氨水加入上述溶液中，超声搅拌30min；然后将之置于油浴中45℃搅拌30min，把0.3mL的甲醛溶液加入上述的混合溶液中，维持45℃搅拌2h；最后直接抽滤，用去离子水洗3遍，70℃真空干燥2h，称重，标记。

10.4.6 制备电池负极

取已经制备好的样品与炭黑，按照3∶1的质量比放入玛瑙研钵中进行5min的研磨，把样品研磨成细粉，并使两者充分混合；再用炭黑的质量数值除以0.035得到所需的黏结剂CMC的质量，将CMC与样品和炭黑放在一起再次研磨5min，让样品和炭黑两者能够有效黏结在一起；加入去离子水，研磨15min，加的水量要使得研磨的样具有一定的流动

性；最后将研磨好的样涂在铜箔纸上进行拉膜；拉好的膜放入真空干燥箱 70℃烘干，裁片，称重。

10.4.7 组装电池

组装电池是在氩气手套箱内进行操作的。这样保证电池组装的过程中，正极材料锂片和电解液不会受到空气中氧气和水蒸气的氧化和干扰。电池的结构组件为；正极壳→不锈钢片→锂片（正极材料）→两滴电解液→滤膜→三滴电解液→铜箔片（负极材料）→不锈钢片→弹片→负极盖。组装好的电池放在密封口的塑料袋中从手套箱拿出来进行封装。

超级净化氩气手套箱如图 10-2 所示。

图 10-2 超级净化氩气手套箱

10.5 实验注意事项

（1）注意实验室实验中按照指导老师要求实验；

（2）注意实验过程中的安全，如电、水、火，实验中的试剂如酸、碱的使用；

（3）注意实验结束后卫生打扫等。

参 考 文 献

[1] 吴宇平，袁翔云，董超，等．锂离子电池——应用与实践［M］．北京：化学工业出版社，2011.

[2] 张晓玉．锂离子电池负极材料纳米 C/Fe_3O_4的制备及性能研究［D］．徐州：中国矿业大学，2015：2-3.

[3] 何帅．锂离子电池硅碳复合负极材料的制备及其性能研究［D］．上海：东华大学，2014：4-5.

[4] 王锭笙．锂离子电池复合负极材料 Si@ SiO_Y/C 和 Si @ Fe-Si/SiO_R 的制备及其电化学性能研究[D]．杭州：浙江大学，2014：12-13.

[5] 傅玲．氧化石墨和聚吡咯/氧化石墨纳米复合材料的制备、表征及应用研究［D］．长沙：湖南大学，2005：88-90.

实验 11　$Cu_{2-x}FeSnS_4$ 的制备及其光催化性能

11.1　实验目的和要求

(1) 掌握溶剂热法制备 $Cu_{2-x}FeSnS_4$ 粉体技术；

(2) 通过 X 射线衍射仪对样品进行物相分析。

11.2　实 验 原 理

11.2.1　铜铁锡硫的结构

铜铁锡硫（CFTS）是一种四元 Cu_2-Ⅱ-Ⅳ-$Ⅵ_4$ 族半导体材料，近年来铜锌锡硫（CZTS）由于其优异的光伏特性和光电性能而备受关注，它也是属于 Cu_2-Ⅱ-Ⅳ-$Ⅵ_4$ 族直接带隙半导体材料。目前，具有高光吸收效率（≥$10cm^{-1}$）、合适的禁带宽度（大约在 1.5 eV），丰富和无毒的元素，及所取得的功率转换效率超过 11%的最有代表性的材料便是 $Cu_2ZnSnS(Se)_4$。CFTS 是一种四面体配位的半导体材料，其中每个硫阴离子键合到 4 个阳离子和每个阳离子键合到 4 个硫阴离子，是另一种可能用于太阳能电池且在地球含量丰富无毒的替代材料。与传统低效溅射或蒸发制备的 Cu_2-Ⅱ-Ⅳ-$Ⅵ_4$ 族半导体材料相比，低成本、高效率、环境友好和易于操作的解决方案已被广泛研究，如电沉积、热注入和微波辅助方法。除了这些方法，溶剂热法也备受关注。由于铜的制备及其可操作性，产量高，分量可控。可以通过在反应体系中改变参数（如溶剂的选择、封端试剂、反应温度和控制时间）制备各种形态，包括纳米线、纳米片、纳米球等。然而，一些铜基季纳米材料的形态演变的机制仍然没有得到很好的理解，尤其是对纳米球。

11.2.2　铜铁锡硫粉体的制备方法

CFTS 薄膜太阳能电池在成本方面的预算和材料的稀缺度远比 CIGS 薄膜太阳能电池和有毒的 CdTe 薄膜太阳能预想的好很多，因此受到了更多的关注，也必将得到更为深入和广泛的研究了解。CFTS 纳米颗粒的出现也同时为太阳能电池的研究提供了更丰富多样的选择，但是就算是到目前为止制备太阳能电池使用的材料 CFTS 纳米粉体的方法还是屈指可数的，其中最为常见的就是溶剂热法。

11.2.3　溶剂热法的原理和优缺点

溶剂热法其实是在水热法研究的基础之上的进一步的研究，这种方法与水热法的本质的区别就是使用的溶剂是水，溶剂热法使用的是有机溶剂。溶剂热法的反应过程当中，首先是将需要溶解的一种或者几种反应物完全溶解于有机溶剂之中，从而将反应物分散在液相中或者是超临界条件下的溶液当中，因此反应物的活泼性能得到加强，使得溶剂热法可以在较低的温度下发生反应不断地进行着反应。通过加热升温的方法，溶剂的一些性质产生互相影响，并且这些性质与它在通常条件下的差别非常大，提高了反应物（通常是固体）的溶解速度或是提升化学反应活性。溶液热法的优点也体现了出来，相比于其他的方法来说，首先是该反应比较简单，而且是个容易控制的反应；另一方面，就是该反应主要是在密闭的体系中进行的，不仅可以制备对空气敏感的前驱体反应物，密闭体系还能对有毒气体的挥发进行有效控制，保障实验的安全性。除了以上两点以外，该反应还有一个很明显的特点就是比较容易控制制备粒径的大小和形态或是物相的形成，产物的分散性能也比较好。

11.3 实验设备和材料

11.3.1 实验设备

实验设备见表 11-1。

表 11-1 实验设备

设备名称	型　　号	生产厂家
电子分析天平	FA2204B	上海精科天美科学仪器
多头磁力加热搅拌器	HJ-4A	常州国华电器
电热恒温鼓风干燥箱	DL-101-1135	天津中环实验电炉
光化学反应仪	BL-GHX-V	上海比朗仪器
紫外可见分光光度计	UV752	南京博斯科仪器
电动离心机	XYT 80-2	金坛市恒丰仪器
超声波清洗机	WF-120E	宁波海曙五方超声设备
扫描电镜	QUANTA200	荷兰 FEI
X 射线衍射仪	DX-2600	丹东方圆仪器

11.3.2 实验试剂

实验试剂见表 11-2。

表 11-2 实验试剂

名　　称	分子式	规格	相对摩尔质量	原料生产厂家
硫脲	H_2NCSNH_2	分析纯	76.12	天津市大茂化学试剂
氯化铜	$CuCl_2 \cdot 2H_2O$	分析纯	170.48	上海山浦化工

续表 11-2

名　　称	分子式	规格	相对摩尔质量	原料生产厂家
乙醇	C_2H_6O	分析纯	46.07	国药集团化学试剂
二水合氯化亚锡（Ⅱ）	$SnCl_2 \cdot 2H_2O$	分析纯	225.65	国药集团化学试剂
硝酸铁	$Fe(NO_3)_3 \cdot 9H_2O$	分析纯	404	上海山浦化工
乙二醇	$C_2O_2H_6$	分析纯	62.07	江苏彤晟化学试剂
聚乙烯吡咯烷酮 K30	$(C_6H_9NO)_n$	优级纯		国药集团化学试剂

11.4 实验内容和步骤

11.4.1 溶剂热法合成 CFTS 颗粒

分别用 $Fe(NO_3)_3 \cdot 9H_2O$、$SnCl_2 \cdot 2H_2O$、$CuCl_2 \cdot 2H_2O$ 作为铁源、锡源和铜源，硫元素的原料来源通过硫脲（H_2NCSNH_2）获得，再添加作为表面活性剂的聚乙烯吡咯烷酮（PVP），以乙二醇为溶剂合成 CFTS 颗粒。

实验具体的步骤：先准备一个干净的烘干的 100mL 容量的烧杯，倒入大约 80mL 左右的乙二醇溶液，然后加入搅拌转子放在多头磁力搅拌器上搅拌，之后称量适量的氯化铜；然后加入刚才放好的烧杯之中搅拌，搅拌至烧杯底部没有沉淀时再称量硝酸铁适量，和上一步骤一样，充分搅拌，使其溶解以后再称量二水合氯化亚锡适量，继续加入后使其充分溶解后再称量硫脲适量，加入硫脲时速度要缓慢，加入过快可能导致反应过快，产生沉淀形成不了透明溶液，所以加入硫脲时速度要放慢，待其充分溶解以后最后加入适量的 PVP；加入 PVP 时要注意加入的速度，加一点溶解一点，再加一点溶解一点，直至将所有的 PVP 加完，充分溶解以后，形成澄清透明的溶液。然后关闭多头磁力搅拌器，并将配好的溶液倒入准备好的已经烘干的 100mL 容量的反应釜内胆中，反应釜内胆加入溶液的量不能超过其容量的 4/5，加入过多可能导致溶液在电热恒温鼓风干燥箱内反应时部分溶液溢出。将反应釜内胆放在反应釜中盖紧，放到提前升温至 200℃ 的电热恒温鼓风干燥箱中，反应时间总长为 24h。

实验流程图如图 11-1 所示。

加入氯化铜（$CuCl_2 \cdot 2H_2O$），完全溶解后呈现蓝色，刚开始加入硝酸铁（$Fe(NO_3)_3 \cdot 9H_2O$）后立刻变为浅褐色，完全溶解后变为深褐色，加入二水合氯化亚锡（$SnCl_2 \cdot 2H_2O$）立刻变为浅绿色溶液，直至完全溶解溶液又恢复至浅蓝色溶液，加入硫脲（H_2NCSNH_2）后完全溶解呈现出溶液状态。

11.4.2 CFTS 粉末的提取

反应 24h 以后，关闭电热恒温鼓风干燥箱，反应釜会慢慢冷却至室内温度，冷却好后旋转打开反应釜，将液体取出倒入离心管中，然后将离心管对称放入电动离心机里，对称放置的离心管中溶液的量也要相似，不然电动离心机会剧烈晃动。每一次离心完都要将离

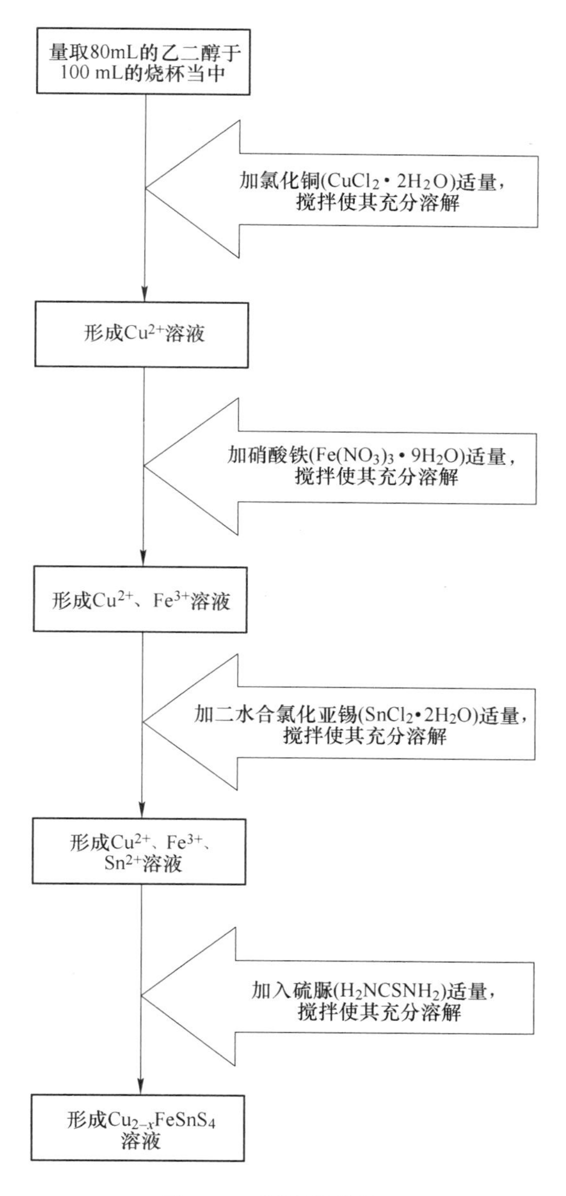

图 11-1 实验流程图

心管取出将上层清液倒掉，在加入适量的蒸馏水或者酒精，震荡多次将底部沉淀摇匀，这样清洗 3~4 遍。清洗结束后将离心管中的混合液倒入烧杯中，然后放入 70℃ 恒温的电热恒温鼓风干燥箱烘干，烘干后将样品装进样品袋中保存等待测试。

11.4.3 CFTS 晶体的性质测试

为了测试合成的样品是不是所需的样品，样品先经过 X 射线衍射仪（XRD）测试分析，如果是所需要的物质再对样品进行进一步的测试和研究。通过扫描电子显微镜（SEM）对样品的表面形貌进行测试和分析，再将样品在光化学反应仪中进行光催化，离心过后通过紫外可见分光光度计测试其在不同波长下的透光率。

11.4.4 X 射线衍射仪

本实验中通过 X 射线衍射仪对样品进行物相分析和定性分析，得到样品的 XRD 图谱，分析 XRD 图谱，判断所测样品是否是所需要的物质。

11.4.5 扫描电子显微镜

在本实验中通过扫描电子显微镜来对样品的表面形貌进行观察，得到样品的 SEM 图谱，分析 SEM 图谱对样品的表面形貌进行分析。

11.4.6 紫外可见分光光度计

本实验通过紫外分光光度计测量样品的透光率。首先需要将样品进行光催化，先是配置 10mg/L 的甲基橙溶液作为降解液，分别加入 50mL、40mL、50mL、40mL 的石英管中，同时加入适量制备的粉末，进行暗处理 30min（避免甲基橙的降解是吸附作用），抽取暗处理结束的甲基橙溶液作为第一组，用 300W 的汞灯进行光催化实验，每隔 1h 抽取一组甲基橙溶液，一共进行 6h 的光催化实验，加上暗处理的一组，总共是 7 管甲基橙溶液。最后将得到的溶液进行离心，将其中的固体粉末与甲基橙溶液分离，再把分离好的液体逐个进行透光率的测试，并且得到数据。

11.5 实验注意事项

（1）注意实验室实验中按照指导老师要求实验；
（2）注意实验过程中的安全，如电、水、火，实验中的试剂如酸、碱的使用；
（3）注意实验结束后卫生打扫等。

参 考 文 献

[1] 史成武，史高杨，陈柱，等．铜锌锡硫半导体薄膜的制备与表征［J］．硅酸盐学报，2011，39：1108-1111.

[2] 罗鹏，郑誉亮，龚力，等．新型铜硫系薄膜太阳能电池材料制备的研究进展［J］．材料导报，2011，25：285-289.

[3] Lu X T，Zhuang Z B，Peng Q，et al. Wurtzite Cu_2ZnSnS_4 nanocrystals：A novel quaternary semiconductor［J］. Chem Comm，2011，47：3141-3143.

[4] Lincot D，Guillemoles J F，Taunier S，et al. Chalcopyrite thin film solar cells by electrodeposition［J］. Solar Energy，2004，77（6）：725-737.

[5] Wang K，Shin B，Reuter K B，et al. Structural and elemental characterization of high efficiency Cu_2ZnSnS_4 solar cells［J］. Applied Physics Letters，2011，98（5）：051912-051913.

实验 12　纳米钨酸锌的水热法制备及其光催化性能研究

12.1　实验目的和要求

（1）了解发光材料的制备过程及其应用；

（2）了解钨酸盐的优缺点。

12.2　实验原理

发光材料一般由基质和激活剂组成，基质的变化会影响物质发光性能。基质的能量传递，共价性都是很重要的属性，控制其组成和结构，就可以合成高效率的发光材料。因此，近些年的研究重点逐渐集中在改变基质材料上。钨酸盐具有优良的化学性质稳定、绿色、发光颜色纯正等优点，故钨酸盐将成为一类重要的发光材料基质。作为光电材料，$ZnWO_4$属于单斜晶系具有钨锰矿结构，$ZnWO_4$单晶的晶胞常数为：$a=4.690nm$，$b=5.718nm$，$c=4.926nm$，$\beta=90.64°$。熔点为 1220℃，是一种熔融化合物，至今还未发现相变过程。其具有高化学稳定性、高 X 射线吸收系数、低衰减时间、高平均折射系数及低长余辉发光等性能，被看作新型材料而广泛地应用在微波材料、闪烁体材料及光学晶格材料等领域。截至目前，制备 $ZnWO_4$纳米颗粒的方法有很多种，传统的有固相合成、加热沉淀前驱体合成、溶胶—凝胶法及水热法等；但是通过上述方法制备的粉体具有一些缺点，如产物颗粒尺寸一般较大、制备过程复杂、反应周期长及高温合成粉体能耗高等。$ZnWO_4$中含有的 WO_4^{2-}为自激活离子，在紫外光激发下能够发射出蓝绿光，WO_4^{2-}将能量传递给稀土离子（如：Eu^{3+}、Sm^{3+}、Tb^{3+}等），因而受到人们的广泛关注。

通过高温固相法、机械球磨法、化学法、共沉淀法、溶胶—凝胶法可制备出不同形貌的 $ZnWO_4$粉体。水热法因其工艺简便、绿色环保、产品纯度高、颗粒形貌容易控制，而被视为最有工业应用前景的一种制备方法。文献中采用水热法制备 $ZnWO_4$粉体的研究中，加入络合剂被认为是控制合成特异形貌晶体材料的简便方法，另外 pH 值对物相、形貌及性能也均有较大影响。而通过加入沉淀剂来控制合成特异形貌晶体的报道较少，已有科学家用经济、高效的水热法合成了片状交叉花球状的钨酸锌，通过研究制备工艺对晶体结构形貌的影响，探索钨酸锌晶体结构、表面形貌对光催化性能的影响。目前，$ZnWO_4$纳米结构有棒状多孔片比较广泛，相比而言，三维球状结构的报道就很少。现在问题来了，在制备方法上如何最简单、最快捷、最经济合成 $ZnWO_4$纳米材料才是所有材料工作者所面临的一个最大的挑战。在一系列的研究分析中，科学家们发现具有良好光催化反应的钨酸盐，例如效果较好的钨酸锌，当然也有钨酸铋，还有钨酸银，他们光催化效果也都不错。

1999 年，Akihiko Kudo 和 Statoshi Hijii 等报道了 Bi_2WO_6在波长大于 420nm 的光辐射下具有光催化活性。2006 年，A. P. Finlayson 等报道了 Bi_6WO_{12}在波长大于 440nm 的光照射下有较好的光催化活性，$Bi_2W_2O_9$、Ag_2WO_4和 $AgBiWO_6$是光催化剂。钨金属原子的最外层 s 和 O_{2p}轨道杂化构成了钨酸盐半导体的价带结构。与掺杂的二氧化钛有所不同的地方在于，钨酸盐光催化剂在紫外可见光区拥有较陡峭的能带吸收边，说明它们的光能够吸收产生于其本身的带间跃迁，而不是杂质能级的作用，能够有效地避免或降低杂质所形成的复合中心的催化效率。钨酸盐光催化剂自身独一无二的结构，确保了催化反应大部分在层间空间进行，起“二维”光催化作用。钨酸盐的光催化活性也会根据层间的分子或离子的变化而变化，是一种非常高效的新型光催化剂。所以，本实验对钨酸盐半导体的光催化性能的测试及分析为日后光催化降解有机污染物及分解水提供了理论依据。但是，这类钨酸盐光催化剂也有一些缺点，就是必须通过高温煅烧才能制备，高温煅烧不仅仅浪费了很多资源，而且煅烧得到的产物尺寸大小不一，催化剂的比表面积较低，光催化效率比较低，因此，就出现了很多新型节能的制备钨酸盐半导体的方法。水热法是一种比较可行的制备纳米材料的方法，纳米材料特殊的结构和性能在很多领域有很重要的应用价值。在一维纳米结构中，例如纳米棒、纳米线、纳米带和纳米管等物质，它们拥有新颖的物理特性以及它们可以应用在纳米器件。目前最有效的办法就是水溶液制备纳米无机材料。在溶液中合成纳米钨酸盐的方法具有便于控制制备条件、经济、效率高等优点，这个方法制备的纳米钨酸盐的尺寸、形貌、结构、结晶性有特殊的效果。

12.3　实验设备和材料

钨酸锌的制备是以二水合钨酸钠和六水合硝酸锌为原材料，同时加入硝酸和氢氧化钠适当改变体系的 pH 值。实验中主要的试剂及设备见表 12-1、表 12-2。

表 12-1　实验试剂

名称	化学式	分子量	生产厂家	纯度
氢氧化钠	$NaOH$		上海彤晟化学试剂有限公司	分析纯
钨酸钠	$Na_2WO_4 \cdot 2H_2O$		天津市永大化学试剂有限公司	分析纯
亚甲基蓝	$C_{16}H_{18}ClN_3S$		国药集团化学试剂有限公司	分析纯
罗丹明 B			上海展云化工有限公司	
硝酸	HNO_3	63.01	江苏彤晟化学试剂有限公司	分析纯
硝酸锌	$Zn(NO_3)_2 \cdot 6H_2O$		上海山浦化工有限公司	化学纯
一水合柠檬酸	$C_6H_8O_7 \cdot H_2O$	210.14	国药集团化学试剂有限公司	分析纯
无水乙醇	CH_3CH_2OH	46.00	江苏彤晟化学试剂有限公司	分析纯

表 12-2　实验所用设备

名　称	型　号	生 产 厂 家
数显恒温磁力搅拌器	型号 HJ-3	江苏金坛市荣华仪器制造有限公司

续表 12-2

名　称	型　号	生产厂家
电子天平	FA2204B	上海精科天美科学仪器有限公司
电热鼓风干燥箱	DHG-975	上海一恒科学仪器有限公司
超声波清洗机	VGT-1730TD	深圳市兴宏业投资有限公司
离心机	TGI-16G	盐城市凯特实验仪器有限公司
不锈钢反应釜	100mL	济南恒化科技有限公司
紫外可见分光光度计	UV-752	上海精科实验公司

12.4　实验内容和步骤

实验内容和步骤如下：

（1）用电子天平称取 0.4356g 的硝酸锌（$Zn(NO_3)_2 \cdot 6H_2O$）和 0.4950g 的钨酸钠（$Na_2WO_4 \cdot 2H_2O$）。

（2）用 50mL 小量筒量取 40mL 的去离子水，先将硝酸锌加进去，再把钨酸钠加入上述溶液中。

（3）将上述混合溶液放在磁力搅拌器上室温搅拌 30min，确保反应试剂能够分散均匀。

（4）把上述搅匀的混合液加入 100mL 的聚四氟乙烯高压釜中，往里面加去离子水加到反应釜的总体积的 80%。

（5）密封高压釜，将其放入电热鼓风干燥箱中，调好烘箱温度，设置烘箱温度，升温至 180℃，恒温加热 24h。

（6）将加热完毕的反应釜取出来，放置室温中降温至室温，收集白色沉淀物。

（7）将制备得到的沉淀物转移到 10mL 的离心管中，加去离子水加至 10mL 离心管的 70%总体积。再将 10mL 离心管放入 TGI-16G 离心机中，转速调到 400r/min，设置其转动时间 3min，重复此操作 3～5 次，获得白色产物。

（8）得到初步洗涤的白色沉淀再次加入 10mL 的离心管，加入无水乙醇至离心管总体积的 70%，然后将 10mL 离心管放入 TGI-16G 离心机中，转速调到 400r/min，设置及其转动时间 3min，重复此操作 3～5 次，获得白色产物。

（9）将产物转移到一个小烧杯中，烘箱调好温度将产物放进烘箱，将烘箱温度调至 60℃，恒温加热 6h，获得最终钨酸锌的粉末。

12.5　实验注意事项

（1）注意实验室实验中按照指导老师要求实验；

（2）注意实验过程中的安全，如电、水、火，实验中的试剂如酸、碱的使用；

（3）注意实验结束后卫生打扫等。

参 考 文 献

[1] 宋旭春，杨娥，郑遗凡，等．反应条件对 $ZnWO_4$纳米棒的形貌和光致发光性能的影响 [J]. 物理化学学报，2007，23 (7)：1123-1126.

[2] Vergados J D. The neutrinoless double beta decay from a modern perspective [J]. Phys Rep，2002，361 (1)：1-56.

[3] Lou Z D，Hao J H，Cocivera M. Luminescence of $ZnWO_4$ and $CdWO_4$ thin films prepared by spray pyrolysis [J]. J Lumin，2002，99 (4)：349-354.

[4] Yu C L，Yu J C. Sonochemical fabrication，characterization and photocatalytic properties of Ag/$ZnWO_4$ nanorod catalyst [J]. Mater Sci Eng B，2009，164 (1)：16-22.

[5] 翟永清，李璇，李金航，等．表面活性剂对水热合成纳米 $ZnWO_4$：Eu^{3+}性能的影响 [J]. 人工晶体学报，2014，43 (5)：1061-1066.

实验 13 高储锂性能氧化钴及其复合材料的调控制备

13.1 实验目的和要求

（1）通过调控制备氧化钴纳米材料；

（2）以模板法制备具有中空结构的氧化钴材料。

13.2 实验原理

锂离子电池四大核心材料：正负极材料、隔离材料和电解液。正极材料对电池的成本和性能都起着重要的作用，现在比较成熟的正极材料有锰酸锂（LMO）、磷酸铁锂（LFP）和三元材料（NMC）三种；负极材料为石墨或类似石墨结构的碳，一般使用的是高强度和薄膜化的聚烯烃多孔膜；所用的电解液是碳酸酯类溶剂，一般使用六氟磷酸锂为溶质配制出的溶剂。此外一般用钢壳、铝壳等作为电池的外壳。

工作原理：锂离子电池在原理上就是一种存在着锂离子浓差的电池，电池的正极和负极都是用不一样的锂离子嵌入化合物组成的。当电池处在充电的时候，Li^+就会从电池的正极上脱嵌下来，经过电解质后再嵌到负极材料上，这个时候负极就会充满锂，正极就缺少锂；电池在放电的时候和充电的时候正好相反，Li^+会从负极材料上脱嵌下来，经过电解质后，嵌入到正极材料上，这时正极锂变多，负极上锂变少。整个充放电循环的过程就是锂离子在正极和负极材料之间来回脱下和嵌入的过程。

锂电池工作原理如图 13-1 所示。

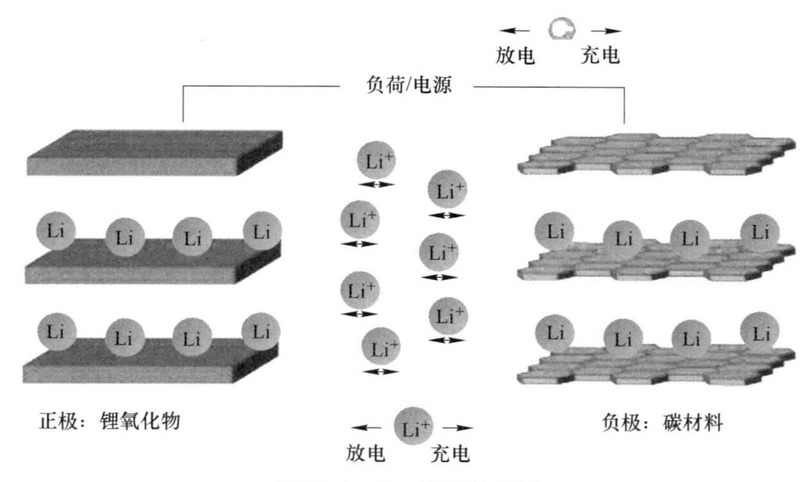

图 13-1 锂电池工作原理

钴元素是第八主族第四周期的元素，有二价和三价之分。氧化物分为三种：氧化亚钴（CoO）、四氧化三钴（Co_3O_4）和氧化钴（Co_2O_3）。四氧化三钴由不同价态的钴元素组成（$CoO \cdot Co_2O_3$），其物化性质最为突出。

用于电池负极的氧化钴材料类型多种多样。在 β-$Co(OH)_2$为模板的前提之下可制备层片状的 CoO、Co_3O_4材料和其包覆材料。这种模版法制备出的 CoO 材料的平均直径为 15μm，它的厚度在 6μm 左右，将其制备电池后测量电池的循环性能，发现电池在 100 圈循环之后，电池的比容量依然能保持 800mA · h/g。同样的 Co_3O_4材料，平均直径在 15μm，其厚度偏差较大，一般在 4~10μm 左右，电池的 100 次循环测量后，容量还能稳定在大概 600mA · h/g。

部分科研工作者用水热法合成前驱体 $Co(CO_3)_{0.5}(OH) \cdot 0.11H_2O$/氧化石墨烯（GO 溶液）复合物，前驱体放置在惰性气体中煅烧充分后就能制备得到具有针状结构的 Co_3O_4/GNS复合材料，测量这种材料时发现，其具有的超级电容触能性能在 2mol/L 的 KOH 溶液中 4000 次循环后电容量保持 70%。

部分科研工作者用重结晶的方法合成 1~3μm 纳米棒状 $Co_5(OH)_2(CH_3COO)_8 \cdot 2H_2O$/GO 混合物，其必须在真空的条件下进行退火，退火后便可制得厚度在 2~20nm 的具有晶体结构的 CoO/GNS 复合材料，调控电流密度为 500mA/g 测试其作为电池负极材料的性能，401 次循环，比电容 626.3mA · h/g。这种材料的成功制备说明石墨烯和氧化钴材料之间相辅相成，石墨烯可提高氧化钴材料的导电性，同时氧化钴又能抑制石墨烯材料的团聚与折叠。

13.3 实验设备和材料

13.3.1 实验试剂

实验所用主要试剂见表 13-1。

表 13-1 实验所用主要试剂

名　称	纯度	试 剂 厂 家	外　观
硝酸钴，六水	AR	上海晶纯生化科技股份有限公司	紫褐色结晶
间苯二酚	CP	江苏彤晟化学试剂有限公司	透明液体
尿素	CP	国药集团化学试剂有限公司	白色球状结晶
十六烷基三甲基溴化铵（CTAB）	AR	国药集团化学试剂有限公司	白色或者浅黄色结晶
PDDA	AR	ALDRICH 化学试剂有限公司	透明胶体
氨水	AR	国药集团化学试剂有限公司	白色透明晶体
PSS	AR	ALDRICH 化学试剂有限公司	黄色粉末
石墨烯	AR	常州第六元素材料科技股份有限公司	黑色粉末
过硫酸铵	CP	天津孚晨化学试剂	无色晶体颗粒

续表 13-1

名 称	纯度	试 剂 厂 家	外 观
无水乙醇	AR	国药股份有限公司	无色液体
苯乙烯	AR	上海晶纯生化科技股份有限公司	油状液体
氯化钠	AR	国药股份有限公司	无色晶体

13.3.2 实验所用设备

实验所用主要仪器设备见表 13-2。

表 13-2 实验所用主要仪器设备

仪 器 名 称	型 号	厂 家
节能箱式电炉	SX-G13132	天津市中环实验电炉有限公司
超声清洗机	KM-410D	广州科洁盟实验仪器有限公司
磁力搅拌器	85-2A	金坛市科析仪器有限公司
循环水真空泵	SHA-D	台州市博奥真空设备有限公司
真空干燥箱	DZF-6030A	上海一恒科学仪器有限公司
台式高速冷冻离心机	TGL-16A	长沙平凡仪器仪表有限公司
真空管式炉	SGL-1200	中国科学院上海光学精密机械
电子分析天平	JJ224BC	常熟市双杰测试仪器厂
电热鼓风干燥箱	DHG-9145A	上海一恒科学仪器有限公司
数码反馈温度控制器	WHM-C10D	DAIHAN Scientific Co., Ltd.
单相电容启动电动机	YC7134	台州市耀盛电机厂
电子天平	TB-25	赛多利斯科学仪器（北京）
超级净化手套箱	1220/750/900	米开罗那（中国）有限公司
高精度电池性能测试系统	CT-3008-5V30mA-S4	深圳市新威尔电子有限公司

13.4 实验内容和步骤

13.4.1 制备单分散 PS 球

苯乙烯单体（Sigma-Aldrich，≥99% Reagentpuls）需在使用前先用 Ar 气鼓泡 30min。然后将 50mL 苯乙烯单体加入 425mL 去离子水中。室温条件下超声 20min，其间需要对溶液不断地用 Ar 气鼓泡，鼓泡时间持续 30min，最后将溶液全部转移到圆底烧瓶中，在油浴中升温至 70℃后，将 25mL 经过鼓泡处理的 0.1mol/L $K_2S_2O_8$（Sigma-Aldrich，99%）加入其中。反应持续 24h，其间转速维持不变，并且需一直在 Ar 气气氛之下。反应结束后进行抽滤，抽滤出来的材料需要用 95% 的乙醇再洗三遍。然后将清洗后的原料重新溶解在去离子水中，将整个水溶液冰冻成块，使用冷冻干燥的方式制备得到白色的粉末。

13.4.2 优化制备 Co_3O_4 材料

13.4.2.1 方案一：控制尿素用量制备 Co_3O_4 材料

（1）将 20mmol/L 的六水合硝酸钴（0.582g）分散于 200mL 去离子水中，超声 20min。

（2）将 0g、2g、5g、7g、10g、15g 尿素加入上述步骤制备的水溶液中，放入超声机中超声 10min，超声完成的原料被转移至 500mL 的圆底烧瓶，85℃ 油浴搅拌，反应时长 6h。

（3）反应结束之后需要立即抽滤出来，并用去离子水清洗两次，乙醇洗一遍。真空干燥 70℃，3h，称重。制备得到 Co_3O_4 负极材料。

13.4.2.2 方案二：控制溶液中水与乙醇的比例制备 PS@ Co_3O_4 复合材料

经过方案一的实验分析得到最优的尿素用量为 5g，在此基础之上进行溶液比例的优化实验。

200mL 溶液比例具体调控数据见表 13-3。

表 13-3 200mL 溶液比例具体调控数据

总体积	去离子水/mL	乙醇/mL
200mL	180	20
	160	40
	140	60
	120	80
	100	100
	80	120
	60	140
	40	160
	20	180

（1）将 20mmol/L 的六水合硝酸钴（0.582g）分散于 200mL 不同比例的乙醇水溶液中，超声 20min。

（2）将 5g 尿素添加至上一步制备出的水溶液中，放入超声机中超声 10min，超声完成的原料被转移至 500mL 的圆底烧瓶，85℃ 油浴搅拌，反应时长 6h。

（3）反应结束之后需要立即抽滤出来，并用去离子水清洗两次，乙醇洗一遍。真空干燥 70℃ 3h，称重，制备得到 Co_3O_4 负极材料。

13.4.3 制备 PS@ Co_3O_4/C 或 PS@ Co_3O_4/石墨烯复合材料

PS@ Co_3O_4/C：配置 100mL 的溶液，溶液包括 28.6mL 的去离子水以及 71.4mL 乙醇，将混合的溶液搅拌超声均匀。取 0.5g P123 分散于其中，超声搅拌直至完全溶解。然后将

0.2g PS@ Co_3O_4分散于其中，超声搅拌 1h；称量 1.2g CTAB、0.175g 间苯二酚和 0.3mL 的氨水，加入上一步制备的溶液中，超声并搅拌 30min；然后将之置于油浴中 45℃搅拌 30min，把 0.15mL 的甲醛溶液加入上述的混合溶液中，维持 45℃搅拌 1.5h，反应后，将材料进行抽滤，并用去离子水清洗三次，清洗后的原料需 70℃真空干燥 3h，称重，标记。

PS@ Co_3O_4/石墨烯：PDDA-PSS-PDDA 改性过程（1g 原料）：

溶液 a. PDDA：2.057g PDDA+200mL DI Water+11.7g NaCl。

溶液 b. PSS：0.72g PSS+200mL DI Water。

溶液 c. PDDA：2.057g PDDA+200mL DI Water+11.7g NaCl。

a、b、c 溶液都超声 1h，然后将 1g 原料加入 a 中超声 1h，搅拌 4h，抽滤，将抽滤物加入 b 中搅拌 4h，抽滤；再将抽滤物加入 c 中搅拌 4h，抽滤，真空干燥。

将 1g PS@ Co_3O_4按照 PDDA-PSS-PDDA 的顺序进行改性。将 0.3g 改性后的材料分散于 200mL 去离子水中超声 1h；取 25mL 0.8mg/mL 的 GO 水溶液分散于 150mL 去离子水中，超声 1h；将改性后的材料在 GO 溶液搅拌的情况下，分散于其中，搅拌 2h 后静置，去除上层水，将下层冰冻，冷冻干燥。

13.4.4　制作具有中空结构的 Co_3O_4/C 或 Co_3O_4/石墨烯复合材料

PS@ Co_3O_4/C 或 PS@ Co_3O_4/石墨烯复合材料在 500~600℃的 Ar 气氛下进行烧结，得到目标产物。

13.4.5　制备电池

制备的 0.05g 样品材料放入玛瑙研钵中，加 0.0167g 的炭黑研磨 5min，再加 0.476g CMC 黏合剂后研磨 5min，最后加入适量的去离子水十几滴研磨 15min。将研磨后的糊状物铺在铜膜上，70℃真空干燥，3h；干燥完成后取出铜膜，裁片如图 13-2 所示。

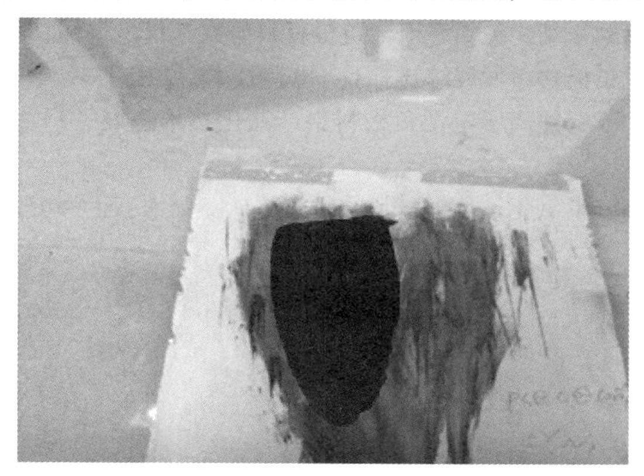

图 13-2　制备电极材料的铜膜

实验中所用手套箱的型号为米开罗那（中国）有限公司 1220/750/900 手套箱（图 13-3），其中必须保持高出纯度氩气氛围（可控制手动控制箱内气压），在整个手套箱制作电池过程中，手套箱中的水氧含量需要保持在 0.1×10^{-6}以下的范围；电池装配需要的电解液为 FEC，使用 celgard2400 的聚丙烯微孔膜作为电池的隔膜材料。

将铜片放入手套箱中，按照负极壳+不锈钢片+锂片（有槽的一面向下）+隔膜+样品铜片+不锈钢片+弹簧片+正极壳的操作流程进行组装。电池密封后取出，压实后安装至高精度电池性能测试系统，选择 0.01～3V 程序文件运行电池，进行电池性能的测试。

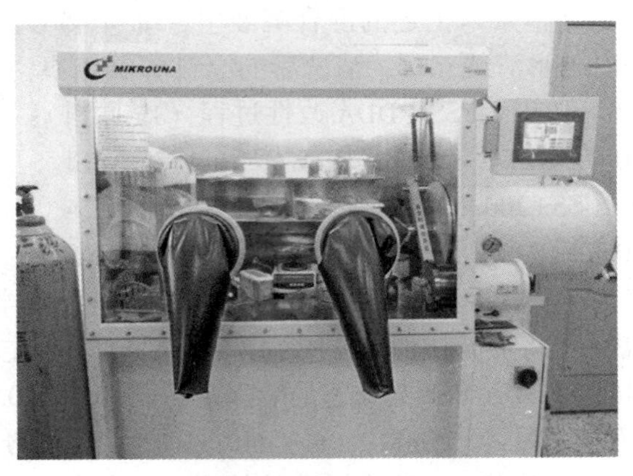

图 13-3　超级净化手套箱

13.5　实验注意事项

（1）注意实验室实验中按照指导老师要求实验；

（2）注意实验过程中的安全，如电、水、火，实验中的试剂如酸、碱的使用；

（3）注意实验结束后卫生打扫等。

参 考 文 献

[1] 李仕锦，程福龙，薄长明．我国规模储能电池发展及应用研究［J］．电源技术，2012（06）：720-725.

[2] 王继伟．自支撑氧化钴纳米结构锂离子电池负极材料研究［D］．苏州：苏州大学，2015.

[3] 丁玲．锂离子动力电池正极材料发展综述［J］．电源技术，2015，39：1780-1800.

[4] 陆浩，刘柏男，褚赓，等．锂离子电池负极材料产业化技术进展［J］．储能科学与技术，2016，5（2）：1-20.

[5] 姚文俐．锂离子电池高容量氧化钴负极材料的研究［D］．上海：上海交通大学，2008：34-75.

实验 14　电泳沉积法制备无铅压电陶瓷厚膜研究

14.1　实验目的和要求

（1）掌握无铅压电陶瓷厚膜的结构和制备方法；

（2）了解不同溶剂和分散剂的使用对沉积所得厚膜表面形貌以及质量 M 的影响；

（3）了解粉料的不同粒径对厚膜沉积的影响。

14.2　实 验 原 理

无铅压电陶瓷是一种具有良好使用性能又不会对环境造成污染的一类陶瓷。目前科学工作者和科技公司主要研究以下几种体系的无铅压电陶瓷：$BaTiO_3$ 基体系、BNT 基体系、铌酸盐体系、铋层状结构体系、钨青铜结构体系。无铅压电陶瓷厚膜是无铅压电陶瓷众多形态中的一种，是为了顺应器件微型化的趋势。本论文中的陶瓷厚膜属于铋层状结构的无铅压电陶瓷，铋层状结构的无铅压电陶瓷具有介电损耗低、居里温度高、介电击穿强度大以及温度稳定性好等优点，是高温、高频领域的理想陶瓷材料。目前制备无铅压电陶瓷厚膜的方法主要有丝网印刷法、流延法、电泳沉积法、喷墨打印法、水热合成法等。

电泳沉积过程包括两个部分：一个是电泳，另一个是沉积。带正电的粒子向负极方向移动；同理，若粒子带负电就会向正极移动。陶瓷微粒在溶剂中发生电离，会使得陶瓷微粒的表面带有正电或者负电，在外加电场的作用下，陶瓷微粒就会向着与其所带电荷相反的电极方向移动。电泳沉积法有很多优点，其中最突出的一点就是对需要制备涂层的材料或者器件的形状没有特殊的要求。电泳沉积所需要的设备相对来说简单，操作比较方便，但是电场强度的大小很容易影响沉积膜的质量，进而影响其性能。

对于电泳沉积中胶体膜的增长，Sarkar 等通过观察二氧化硅粒子在硅晶片上的沉积提出了一个关于沉积时间的函数。他们将得到的二氧化硅粒子层与通过分子束外延技术生长出的原子膜进行比较，并在两个过程中找到了一个特别相似的地方。为了优化电泳沉积薄膜的微观结构，通过这个观察找到了一个新的研究方向。Vander Biest 等已经开展了理论工作，由于沉积时电压的降低，他们建立了一个模型用来预测悬浮液中电场变化时沉积过程的产出率。

Van Tassel 和 Randall 从酸性悬浮液中获得了非常均匀的氧化铝粉末沉积，穿过沉积的颗粒层可以观察到一个上升异常的电流。由于它提供了一个非常高的电压梯度，他们认为可以用溶剂中在电极上形成的离子耗尽传导层来解释。因此可以认为电泳力在这个层上比在系统的其他地方要大；这种高电压梯度层还对沉积厚度有较大的影响。Ristenpart 等既研究了理论也研究了实验，通过对带电球形胶体周围的流动情况的研究，弄清了电极附近颗粒间远距离吸引的性质。从他们的研究中可以发现，颗粒的流动方向与偶极系数的符号有关，整个部分共由两部分组成：一个是电渗流，另一个是电流体动力流。电渗流是正比于电流密度和颗粒的 ζ 电势的，电动流可以从电流密度和所施加的电位的乘积中得出。比较这两个部分时 Ristenpart 等发现电动流的吸引力在粒子中占有很大的优势，而电渗流的吸引力会大大排斥电动流接近粒子。此外他们还发现在某些情况下，这两种流朝着的方向都是粒子产生聚合的方向。

14.3 实验设备和材料

14.3.1 实验试剂

实验试剂见表 14-1。

表 14-1 实验试剂

原料名称	化学式	纯度	浓度/%	生产厂家
丙酮	CH_3COCH_3	分析纯	≥99.9	国药试剂 SCRC
苯甲酸	C_6H_5COOH	分析纯	≥99.5	国药试剂 SCRC
乙酰丙酮	$C_5H_8O_2$	分析纯	≥99.0	国药试剂 SCRC
异丙醇	$(CH_3)_2CHOH$	分析纯	≥99.7	国药试剂 SCRC
三乙醇胺	$(HOCH_2CH_2)_3N$	分析纯	≥78.0	国药试剂 SCRC
无水乙醇	CH_3CH_2OH	化学纯	≥99.7	国药试剂 SCRC
正丁胺	$C_4H_{11}N$	化学纯	≥99.0	晶纯生化科技公司
氧化铋	Bi_2O_3	分析纯	≥98.0	国药试剂 SCRC
二氧化钛	TiO_2	化学纯	≥98.0	国药试剂 SCRC
碘	I_2	分析纯	≥99.8	晶纯生化科技公司

14.3.2 实验仪器设备

实验仪器设备见表 14-2。

表 14-2 实验仪器设备

名　称	型　号	生产厂家
小型箱式节能电炉	KSL-1200X	合肥科晶公司
电子分析天平	FA2204B	上海精科天美科学仪器有限公司
立式球磨机	QM-3SP2	南京大学仪器厂
烘箱	DHG-9075A	上海一恒科学仪器公司

续表 14-2

名　称	型　号	生产厂家
X 射线衍射仪	DX-2700	丹东通达科技
超声波清洗器	KQ3200E	昆山市超声仪器有限公司
DC Power	PWS2721	泰克公司
便携式磁力搅拌器	85-I	司乐仪器有限公司
万用表	VC890C⁺	胜利高电子科技公司
尼康体视显微镜	SMZ745T	尼康公司
扫描电镜	JSM-6010PLUS	JEOL
比表面分析仪	Gemini Ⓡ VII 2390	美国麦克公司

14.4 实验内容和步骤

14.4.1 配料

配料对整个实验过程非常重要，之后所有的实验步骤都是基于已经配好的实验原料进行的。为了将配料造成的误差降到最低，首先选取干净的玻璃瓶，将原料从药品罐中舀出，每次取出的药品量尽量与该次实验所需的量相近。将装有原料的玻璃瓶放入烘箱中，烘箱温度设置为 120℃，放在烘箱中 8h 后取出，盖上密封盖备用。准备好称量所用的勺子、称量纸或者称量舟。称量时速度尽量快，防止原料吸水导致数据不精确。具体称的重量要和球磨罐的实际容量相符，本实验选用的原料有两种，根据前期计算最后确定共称取 120g/罐，整个实验过程中共配料两次。

14.4.2 混料

称好氧化铋和二氧化钛后，将它们倒入球磨罐中。根据加入的原料的量往球磨罐中加入 70mL 无水乙醇，盖上球磨罐的盖子，一定要注意将密封圈盖好，以防在球磨的过程中洒出来。将球磨罐装到球磨机上，因为只有两个罐子，所以两个罐子必须对称装，这样可以保证球磨机在旋转时的稳定性。设置球磨机的转速为 360r/min，球磨 6h。6h 以后，将球磨罐取出，用不锈钢漏勺将氧化锆球过滤出来，将罐中的浆料倒入搪瓷盘中。用无水乙醇冲洗球磨罐，尽可能多地将粘在球磨罐上的浆料冲下来，这样可以将浆料的损失降到最低。将混合的浆料放入烘箱中烘干，在刚烘的时候要注意控制温度，不能温度太高，等搪瓷盘里的无水乙醇已经用肉眼看不见的时候，将温度升到 120℃，要确保浆料彻底被烘干。烘干后将原料从搪瓷盘中刮下来，用 380μm(40 目) 的筛子筛一遍。然后将筛好后的原料用模具压成大块。图 14-1 所示是实验中使用的模具和球磨机。

14.4.3 预烧

混料所得到的粉末并不是所需要的陶瓷粉末，此次球磨只是一种简单的机械混合，实

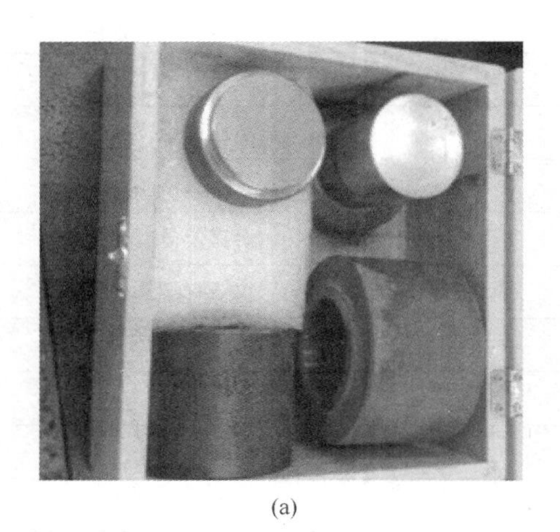
(a)

(b)

图 14-1　模具（a）和球磨机（b）

际上这个粉料里面氧化钛和氧化铋并没有发生反应。预烧的目的就是为了让原料之间相互反应。将压好的大块粉末块放在坩埚板上，放进电炉中。本实验预烧所采用的升温步骤是从室温以每分钟增加 4℃的速度升温至 850℃，然后在 850℃时保温 2h。等到降温以后打开电炉取出预烧好的粉末块，将粉末块放在研钵中捣碎，磨细，然后依旧用 380μm（40 目）的筛子筛一遍备用。

14.4.4　球磨

将预烧过筛以后的粉末分成相等的两份，记录重量，取出大号球磨罐，将粉末倒入球磨罐中，加入 60mL 的无水乙醇。将球磨罐装到球磨机上在转速 360 r/min 下球磨 8h。8h 以后取出球磨罐将料倒出，用不锈钢漏勺将氧化锆球过滤出来。用无水乙醇将球磨罐中的料尽可能多地冲洗出来。将装有料的搪瓷盘放入烘箱中烘干。烘干以后将粉末磨细后用筛子筛。将筛好的粉末进行称重，取出总重量的 1/3，装入样品袋中贴上标签。

将剩下的 2/3 的粉末再一分为二，记录重量后，装入小号球磨罐中，加入 55mL 的无水乙醇，往球磨罐中加入 3mm 的氧化锆球球磨 8h；8h 以后将料取出，用塑料网筛将 3mm 的氧化锆球过滤出来，将料倒入搪瓷盘中放入烘箱中烘干；烘干磨细后用 380μm（40 目）的筛子筛一遍，防止有较大的颗粒没有被磨细；用天平称一下总重量然后同样取出总重量的 1/2 装入样品袋贴上标签；将剩下的料称重后一分为二，记录重量后，分别倒入小号球磨罐中，再将 1mm 的氧化锆球倒入球磨罐中；每个球磨罐中加入 50mL 的无水乙醇，将球磨罐装到球磨机上球磨 8h；8h 以后取出球磨罐，用筛子将 1mm 的氧化锆球捞出，将装有料的搪瓷盘放入烘箱中烘干；在烘干后取出粉料磨细后再次过筛。称重后装入样品袋贴上标签备用。

14.4.5　沉积

本实验最主要的目的是得到质量最好的压电陶瓷厚膜。溶剂和分散剂种类的选择是很重要的。本实验所要筛选的溶剂和分散剂的组合见表 14-3。

表 14-3　溶剂和分散剂组合

溶　剂	分 散 剂
乙醇 + 丙酮	碘、苯甲酸、KD-1
异丙醇	碘、苯甲酸、KD-1
丙酮	三乙醇胺、碘、苯甲酸、KD-1
乙醇	正丁胺、碘、苯甲酸、KD-1
乙酰丙酮	碘、苯甲酸、KD-1

整个筛选阶段分为两个部分，第一部分是初步观察分散情况，第二部分是在第一部分的基础上利用导电玻璃进行沉积，观察具体的沉积情况。

首先选用 10 支 10mL 的试管，然后在每支试管中加入 0.05g 粉末，分别选取溶剂和分散剂的组合。溶剂和分散剂的量一共为 10mL，将 10 支试管编号 1～10，选取适当的浓度间隔。将 10 支试管配好以后将试管放置在试管架上，放入超声清洗器中超声 20min，然后将试管架取出，从取出后开始算，每隔 10min 拍一次照片，记录静置时的分散情况；在静置 30min 以后观察试管的分散情况，在分散情况很明显的情况下，选取分散情况较好的试管，然后在这个试管浓度左右再进行细化，找到分散情况最好的分散剂的含量。如果试管在 30min 后没有出现较明显的分层，那就继续静置直至找出分散情况最好的那一支试管。同样地，在这个含量的左右再做进一步的细化，找出分散情况最好的那组。每一组都采用这样的方法找出最好的分散剂的含量，找到以后才能进行筛选的第二部分实验。图 14-2所示是筛选时的其中一个组合分散后静置的图片。

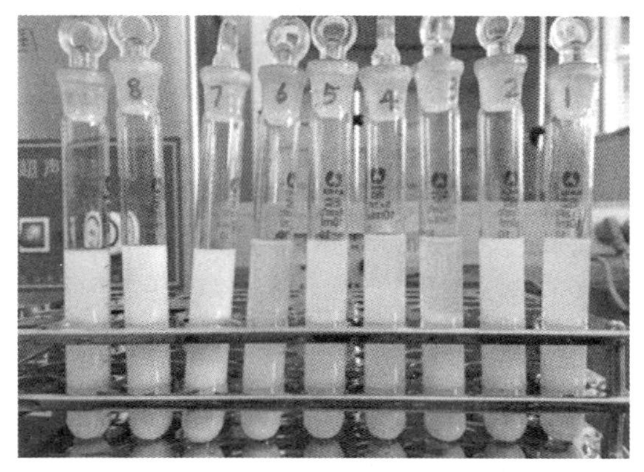

图 14-2　试管筛选阶段静置图片

在找出的悬浮情况较好的组合中做进一步的筛选。这一部分主要是进行实际的电泳沉积的操作。首先是将买来的表面带有导电薄膜的玻璃片用酒精进行清洗，然后将玻璃片烘干备用。这一部分使用的主要仪器是直流电源、磁力搅拌器、数字万用表，以及自制的沉积架子。实验时，首先选出分散效果最好的溶剂和分散剂的组合，然后使用不同的电压在相同的情况下进行沉积，看看电压对其的影响。实验最初选择的是以乙醇作为溶剂，苯甲酸作为分散剂，分别在 30V、50V、70V 下进行沉积。最后发现 70V 时沉积的膜质量比 30V 和 50V 的要好，因此暂定电压为 70V 作为后续组合的实验电压，如果在后面遇到特殊情况可以适当调整电压。沉积的时间分别定为 30min 和 60min。将烘干的导电玻璃片夹在沉积架子上，然后两端分别连接直流电源的正极和负极，沉积的同时进行磁力搅拌。沉积时间一到，立即关闭直流电源和磁力搅拌器，取出沉积架子，取出玻璃片放在 A4 纸上晾干，并在玻璃片下方标注溶剂和分散剂的使用量。图 14-3 所示是沉积时所用的设备。

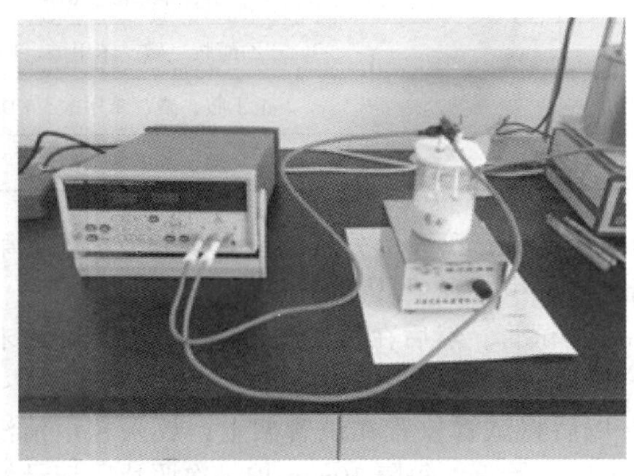

图 14-3　电泳沉积的仪器图

选出五个组合以后，再次对这五个溶剂和分散剂的组合在导电玻璃上进行多次实验，防止是因为特殊的原因导致较好的沉积的效果，排除偶然性。

接下来的实验基板将玻璃换成铂片，观察溶剂、分散剂、沉积时间以及不同粒径大小对沉积质量的影响。

14.4.5.1　溶剂、分散剂以及时间对铂片沉积的影响

从众多的组合中筛选出了 5 个沉积效果相对较好的组合，接下来用铂片电极代替导电玻璃作为沉积的基板继续实验。实验前先将铂电极进行清洗，配制溶液，这一阶段沉积之前必须事先称量铂电极的重量并记录下来。选取一张干净、干燥的称量纸，称取它的重量并记录。每一个组合都会选取 10min、20min、30min、40min、50min、60min 六个不同的沉积时长进行沉积，目的是为了比较在相同条件下时间对沉积质量的影响情况。当每一次沉积后，将沉积好的铂电极置于之前称过重量的称量纸上，将称量纸置于玻璃皿中放入烘箱中烘干，此时的烘箱温度不能太高，设置在 45℃ 左右即可，一是防止温度太高导致沉积膜开裂，二是防止温度太高导致称量纸碳化，最后影响结果。等到铂片烘干以后，将其取出连同称量纸一起放到天平上称重，并记录此时的重量，将这个数据与之前的称量数据进行相减就会得到沉积在铂片上的厚膜的质量。以此类推，每一个组合的操作步骤都是一样的。

14.4.5.2　不同粒径对铂片沉积的影响

在这五个溶剂和分散剂的组合实验完成以后，综合考虑沉积粉末的质量和表面均匀性，选择几组，在实验情况不变的情况下改变粉料的粒径，研究粉料粒径对沉积效果的影响情况。根据前面的实验情况选择了三组做关于粒径的实验。这三组分别是乙酰丙酮+0.15g 碘、乙酰丙酮+0.18g 碘+3g 苯甲酸、乙酰丙酮+0.15g 碘+2g 苯甲酸+2%KD-1。采用一次球磨、二次球磨、三次球磨所得的粉料在上述三组溶剂和分散剂的组合中进行沉积，每次沉积 60min，沉积电压为 70V，在沉积结束后晾干铂片，然后称取沉积的质量。

根据三次沉积所得的质量和沉积的表面情况选择最终沉积的组合。选择最适当的溶剂和分散剂，以及粉料的粗细，沉积后进行烧结。

14.4.6 厚膜烧结

根据表面形貌和沉积粉末的重量等综合考虑，选取乙酰丙酮作为溶剂，碘作为分散剂，选用三次球磨的粉料沉积，在沉积完成以后，通过观察发现这次沉积的厚膜符合预期，因此选用该厚膜进行烧结。烧结采用箱式电炉，将沉积好的铂片电极放置在一块较小的坩埚板上，然后将小坩埚板放在一块大的坩埚板上，放进炉膛以后用石英罩将坩埚板罩上，然后关上炉门准备烧结。第一次烧结的过程：400min 从室温升温到 1080℃，然后 1080℃保温 30min，然后自然降温。取出后发现烧结温度略低，因此再次烧结，此次烧结的温度提高到 1100℃，经过 400min 从室温升温到 1100℃，然后保温 30min 后降温。

14.5 实验注意事项

（1）注意实验室实验中按照指导老师要求实验；

（2）注意实验过程中的安全，如电、水、火，实验中的试剂如酸、碱的使用；

（3）注意实验结束后卫生打扫等。

参 考 文 献

[1] Guelcher S A, Solomentsev Y, Anderson J L. Aggregation of pairs of particles on electrodes during electrophoretic deposition [J]. Powder Technol, 2000, 110: 90-97.

[2] Anne G, Neirinck B, Vanmeensel K, et al. Influence of elecrostatic interactions in the deposit on the electricalfield strength during electrophoretic deposition: Fundamentals and applications II [J]. Key Eng Mater, 2006, 314: 181-186.

[3] Brown D R, Salt F W. The mechanism of electrophoretic deposition [J]. Appl. Chem, 1965, 15: 40-48.

[4] Boccaccini, A R, Vander Biest O O, Talbot J B. Electrophoretic deposition fundamental and applications [M]. ECS, Pennington, US, 2002.

[5] Sides P J. Electrodynamically particle aggregation on an electrode driven by an alternating electric field normal to it [J]. Langmuir, 2001, 17: 5791-5800.

实验 15　磁控溅射法制膜实验

15.1　实 验 目 的

（1）掌握磁控溅射法制膜的基本原理；

（2）了解多功能磁控溅射镀膜仪的操作过程及使用范围；

（3）学习用磁控溅射法制备金属薄膜；

（4）学习用万用表测量薄膜的电阻。

15.2　实 验 原 理

15.2.1　溅射

溅射是入射粒子和靶的碰撞过程。入射粒子在靶中经历复杂的散射过程，和靶原子碰撞，把部分动量传给靶原子，此靶原子又和其他靶原子碰撞，形成级联过程。在这种级联过程中某些表面附近的靶原子获得向外运动的足够动量，离开靶被溅射出来，简单溅射装置如图15-1所示。

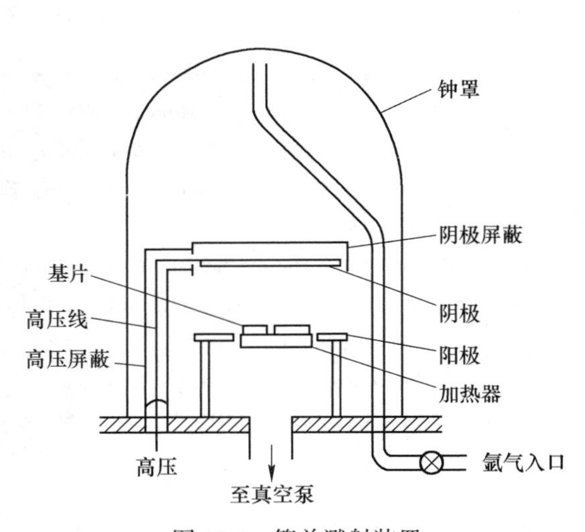

图 15-1　简单溅射装置

溅射的特点是：（1）溅射粒子（主要是原子，还有少量离子等）的平均能量达几个电子伏，比蒸发粒子的平均动能 k_T 高得多（3000K 蒸发时平均动能仅 0.26eV），溅射粒子的角分布与入射离子的方向有关。（2）入射离子能量增大（在几千电子伏范围内），溅射率（溅射出来的粒子数与入射离子数之比）增大。入射离子能量再增大，溅射率达到极值；能量增大到几万电子伏，离子注入效应增强，溅射率下降。（3）入射离子质量增大，溅射率增大。（4）入射离子方向与靶面法线方向的夹角增大，溅射率增大（倾斜入射比垂直入射时溅射率大）。（5）单晶靶由于焦距碰撞（级联过程中传递的动量越来越接近原子列方向），在密排方向上发生优先溅射。（6）不同靶材的溅射率很不相同。

15.2.2 磁控溅射

通常的溅射方法溅射效率不高。为了提高溅射效率，首先需要增加气体的离化效率。为了说明这一点，首先讨论溅射过程。

当经过加速的入射离子轰击靶材（阴极）表面时，会引起电子发射，在阴极表面产生的这些电子，开始向阳极加速后进入负辉光区，并与中性的气体原子碰撞，产生自持的辉光放电所需的离子。这些所谓初始电子（primary electrons）的平均自由程随电子能量的增大而增大，但随气压的增大而减小。在低气压下，离子是在远离阴极的地方产生，从而它们的热壁损失较大；同时，有很多初始电子可以以较大的能量碰撞阳极，所引起的损失又不能被碰撞引起的次级发射电子抵消，这时离化效率很低，以至于不能达到自持的辉光放电所需的离子。通过增大加速电压的方法也同时增加了电子的平均自由程，从而也不能有效地增加离化效率。虽然增加气压可以提高离化率，但在较高的气压下，溅射出的粒子与气体的碰撞的机会也增大，实际的溅射率也很难有大的提高。

如果加上一平行于阴极表面的磁场，就可以将初始电子的运动限制在邻近阴极的区域，从而增加气体原子的离化效率。常用磁控溅射仪主要使用圆筒结构和平面结构，如图 15-2所示。这两种结构中，磁场方向都基本平行于阴极表面，并将电子运动有效地限制在阴极附近。磁控溅射的制备条件通常是，加速电压：300～800V，磁场约 50～300G，气压 1～10mTorr（1Torr = 133.322Pa），电流密度：4～60mA/cm^2，功率密度：1～40W/cm^2，对于不同的材料最大沉积速率范围从 100～1000nm/min。同溅射一样，磁控溅射也分为直流（DC）磁控溅射和射频（RF）磁控溅射。射频磁控溅射中，射频电源的频率通常在 50～30MHz。射频磁控溅射相对于直流磁控溅射的主要优点是，它不要求作为电极的靶材是导电的。因此，理论上利用射频磁控溅射可以溅射沉积任何材料。由于磁性材料对磁场的屏蔽作用，溅射沉积时它们会减弱或改变靶表面的磁场分布，影响溅射效率。因此，磁性材料的靶材需要特别加工成薄片，尽量减少对磁场的影响。

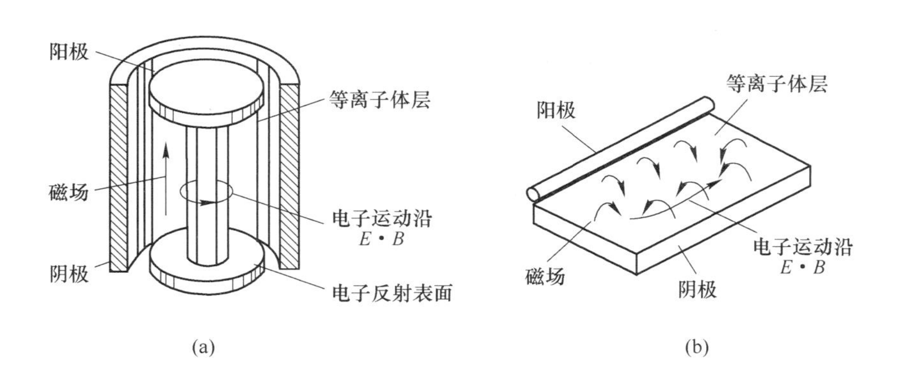

图 15-2 两种磁控溅射源示意图

（a）圆筒结构；（b）平面结构

15.3　操作过程

操作过程如下：

（1）用超声波发生器清洗基片，清洗过程中加入洗液，清洗干净后在氮气保护下干燥。干燥后，将基片倾斜 45°角观察，若不出现干涉彩虹，则说明基片已清洗干净。

（2）将样品放入样品室内。

（3）检查水源、气源、电源正常后，打开冷却水循环装置。

（4）抽真空。首先用机械泵抽真空，室内气压达到极限 10Pa 后关上机械泵，然后改用分子泵抽真空，使室内气压达到 3×10^{-3}Pa 以下。

（5）关闭分子泵，机械泵仍然工作，开始放入 Ar 气体，关小机械泵阀门，使 Ar 气压在（8.0~10）$\times10^{-2}$Pa。

（6）在两极之间加上电压，对基片进行溅射镀膜。

（7）薄膜制备完以后，了解万用表的用法，测出薄膜的电阻。

15.4　思考题

（1）磁控溅射镀膜仪有哪些类型？

（2）磁控溅射镀膜的适用范围是什么？

15.5　实验注意事项

（1）真空罩一定要与底座密合好。

（2）实验开始抽真空时，需要先按下低真空键，等气压达到 5×10^{0}Pa 时再按下高真空键；实验结束时，不能直接按放气键，一定要先把分子泵隔离开。

（3）加电时，电流要慢慢加到 0.8A 左右，不要超过 1A。

（4）实验结束后一定要把仪器关掉，注意安全。

实验16　一步溶液法制备钙钛矿太阳能电池吸收层研究

16.1　实验目的和要求

（1）掌握钙钛矿电池的构造及分类；

（2）掌握制备钙钛矿电池的方法。

16.2　实 验 原 理

钙钛矿太阳能电池（PSCs）是一种新型的薄膜太阳能电池，其吸收层 $CH_3NH_3PbI_3$ 材料具有很好的性质，是该电池的核心组成部分，因此研究钙钛矿电池的重点就是制造出性能优良和成分均匀的吸收层材料。采用一步溶液法来制备钙钛矿吸收层材料，研究关键工艺参数对 $CH_3NH_3PbI_3$ 结构、形貌及光学特性的影响，得到了最佳前驱体溶液的浓度为175mg/mL、最佳热退火温度为100℃和最佳旋涂速率为3000r/min。这一研究对于掌握 $CH_3NH_3PbI_3$ 的制备方法有重要的借鉴意义。

16.2.1　硅基太阳电池

硅太阳能电池包含单晶硅、多晶硅、非晶硅和新型硅电池四种。其中，单晶硅是发展最快的，它的制备方法和器件构造已经成型，得到了广泛的使用，市场上批量生产的大多为这种电池，是太阳能电池行业的主力军。目前单晶硅太阳能电池的转换效率达到了24.7%，虽然单晶硅太阳能电池有很高的转换效率以及较为成熟的生产技术，可是其生产成本太高，严重影响了单晶硅太阳电池的未来发展。

16.2.2　多元化合物薄膜太阳能电池

由于硅基电池的高成本不利于长久的生产发展，人们开始开发其他种类的太阳能电池，其中主要包括GaAs、CdS及CIS薄膜电池等。相比较于单晶硅，该类材料也具有较高的转换效率，铜铟硒薄膜电池稳定性好，并且生产价格低，是太阳电池发展的一个研究方向。但是因为Ga是重金属，Cd和CI是稀有元素，原料不易获得，并且技术条件要求较高，不利于批量生产，所以该类太阳电池的发展前景也不容乐观。

16.2.3　硅薄膜太阳电池

相比较于常规硅电池，硅薄膜电池所需原材料较少并且制备成本低，但是经过大量的研究改进，仍然无法提高它的转换效率；并且，硅薄膜很容易造成光污染。低的转换效率和严重的光污染现象这两点影响了硅基太阳电池的应用。

16.2.4 染料敏化太阳能电池

染料敏化太阳能电池（DSSC）是一种新型的薄膜太阳电池，是模仿光合作用原理工作的。它具有很多优点，比如原料易得、廉价、制备工艺不复杂、适合工业批量生产，并且所有原材料和生产过程安全可靠、不污染环境。但是染料只可以吸附一层在薄膜上表面，大大减少了光吸收，如果多层吸附又会阻碍电荷运输，降低能量转换效率。

16.2.5 有机—无机杂化钙钛矿太阳能电池

钙钛矿太阳能电池的发展来自DSSC电池，但是其机理和电子传输方式却与DSSC电池有一些不同，其通过吸收层吸收光子，然后产生电子进行工作。钙钛矿材料指的是钙钛矿结构的$CH_3NH_3PbX_3$材料，该类材料具有消光系数高、双极性载流子运输性能良好、禁带宽度合适、开路电压高、构造简单等优点。

钙钛矿太阳能电池由透明FTO玻璃、TiO_2致密层、钙钛矿光吸收层、有机空穴传输层、金属电极五部分构成，电池内无电解液，构造如图16-1所示。当光从下端导电玻璃入射进电池中，如果入射光的光子能量大于$CH_3NH_3PbI_3$的禁带宽度（约为1.55eV），就会被吸光层材料吸收；被吸收的光子将钙钛矿层中的价带电子激发到导带，并在价带处留下空穴；然后导带电子和价带空穴快速传输到致密层和空穴传输层，最后被导电玻璃和金属电极收集，接上负载就可以形成电池，对外做功。工作原理图如图16-2所示。

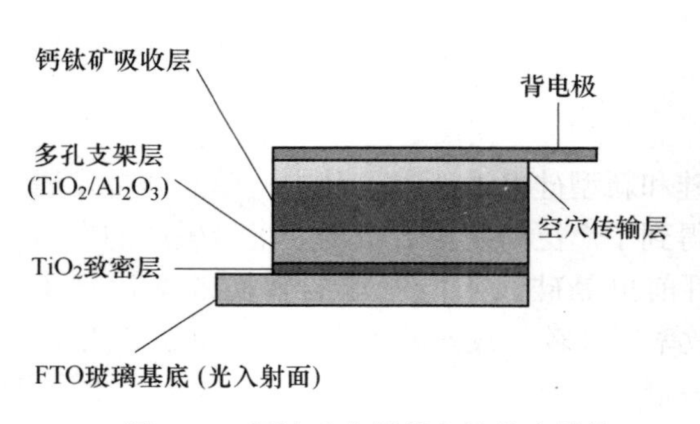

图16-1 钙钛矿太阳能电池基本结构

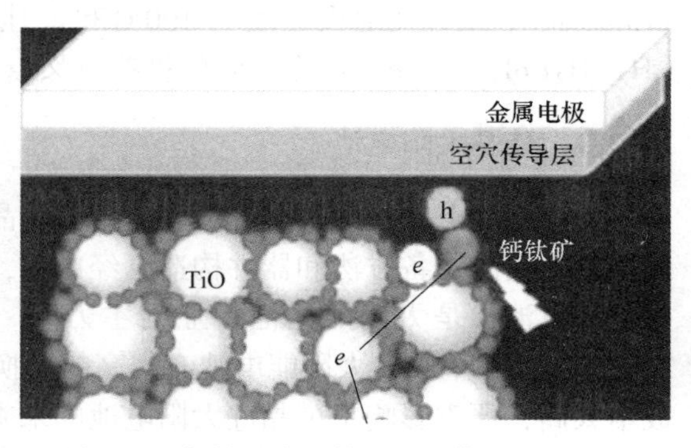

图16-2 钙钛矿太阳能电池工作原理示意图

钙钛矿材料分子式为ABX_3（A是有机阳离子，B是Pb，Cd或Sn，X是卤素阴离子I、Cl或Br），一般为立方体或八面体结构。金属离子处在晶胞的体心，有机阳离子处在顶角，卤素离子处在面心，一般为八面体或者立方体结构。$CH_3NH_3PbI_3$由一个$CH_3NH_3^+$、一个Pb^{2+}、三个I^-组成。Pb^{2+}位于立方晶胞中心，与12个I^-形成配位立方八面体，$CH_3NH_3^+$位于晶胞顶角，与6个I^-形成配位八面体，共同构成立方密堆积。太阳能电池中用到的钙钛矿（$CH_3NH_3PbI_3$、$CH_3NH_3PbBr_3$和$CH_3NH_3PbCl_3$等）属于半导体，有良好的吸光性，如图16-3所示。

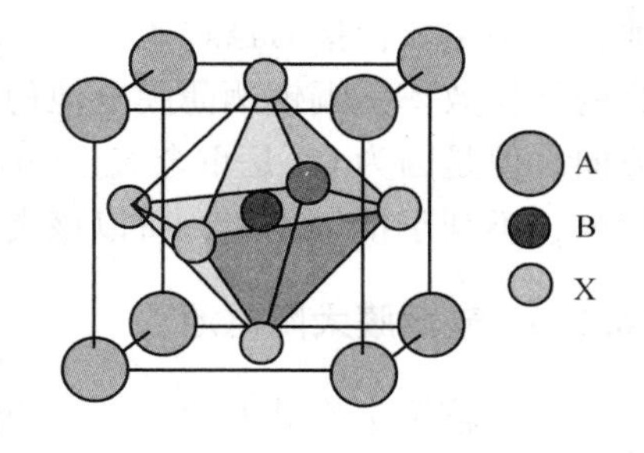

图16-3 钙钛矿晶胞结构示意图

16.3　实验设备和材料

16.3.1　制备 $CH_3NH_3PbI_3$ 所需的药品

实验所用试剂见表 16-1。

表 16-1　实验所用试剂

所需原料	分子式	规格
无水乙醇	CH_3NH_2OH	分析纯 AR
甲胺	CH_3NH_2	分析纯 AR
氢碘酸	HI	分析纯 AR
乙醚	$(C_2H_5)_2O$	分析纯 AR
碘化铅	PbI_2	98.2%
二甲基甲酰胺	$HCON(CH_3)_2$	99.8%
丙酮	CH_3COCH_3	分析纯 AR

16.3.2　制备 $CH_3NH_3PbI_3$ 所需要的实验仪器

实验所用仪器及设备见表 16-2。

表 16-2　实验所用仪器及设备

所需仪器	型号	厂家
电子称量天平	FA2204B	上海市精科天美科学仪器有限公司
高精度数控匀胶旋涂仪	WS-650MZ-23NPP	Laurell
烘箱	DHJ-9075A	上海一恒科学仪器有限公司
磁力搅拌器	HJ-3	江苏省常州市金坛区荣华仪器制造有限公司
加热板	79-1	江苏省常州市博远实验分析仪器厂
紫外可见光分光光度计	UV752	南京博斯科仪器
X 射线衍射仪	DX-2600	丹东方圆仪器
扫描电镜	QUANTA200	荷兰 FEI
超声波清洗器	KQ3200E	昆山市超声仪器有限公司
循环水式多用真空泵	SHZ-D（Ⅲ）	河南省予华市仪器有限公司

16.4　实验内容和步骤

实验内容和步骤如下：

（1）以甲胺和氢碘酸摩尔比 2∶1 算出制备 CH_3NH_3I 需要的原料（第一次比例为

1∶1制出来的 CH_3NH_3I 样品较少，可能是实验过程中甲胺挥发，所以比例改为 2∶1）。用天平称取 40.248g 甲胺溶液（浓度为 33%，其溶剂是甲醇）放在干净的圆底烧瓶中，然后量取 35.3mL 氢碘酸（浓度为 47%，其溶剂是水），用胶头滴管将 HI 溶液缓慢地滴加到甲胺溶液中，然后将混合液放在磁力搅拌器上，放入一个干净的转子，然后冰浴搅拌 1h，去除冰浴，室温搅拌 0.5h（室温 15℃），然后 30℃再搅拌 1h。

（2）搅拌结束后将溶液倒在干净的培养皿中，放在加热板上，50℃加热，待溶液快要蒸发完毕时关闭加热，用余温将溶液蒸发，然后将 CH_3NH_3I 粗料放在 60℃烘箱中 24h。

（3）取出干燥 24h 的样品，用乙醇-乙醚提纯三次：取出粗料，溶解于乙醇溶液，然后加入乙醚析出晶体，过滤，得到白色的 CH_3NH_3I 样品。

（4）称量 CH_3NH_3I 颗粒，共 10g。

（5）将制备出的 CH_3NH_3I 粉末进行 XRD 测试。

与 PDF 卡片（PDF#10-0703）对比，峰能很好地对应，无偏移和无明显杂峰，并且峰值较高，表明制备出来的样品纯度高。

16.4.1　$CH_3NH_3PbI_3$ 粉末制备

制备甲胺碘化铅粉末：称取 0.7435g PbI_2 和 0.2565g CH_3NH_3I（摩尔比 1∶1），将两者混合溶解于 2mL DMF 溶剂中，60℃搅拌 0.5h，然后将溶液倒在培养皿里，放在加热板上，100℃加热蒸发，过大约 5min 左右，得到了黑色钙钛矿颗粒。将制备出来的钙钛矿颗粒研磨，然后进行 XRD 测试。

与 PDF 卡片对比，峰相对应，而且峰值较高，无偏移和杂峰，表示制备出来的物质为较纯的钙钛矿。

16.4.2　不同前驱体溶液浓度制备 $CH_3NH_3PbI_3$ 粉末

实验分为 4 组，具体见表 16-3。

表 16-3　实验所需原料

组　数	前驱体溶液浓度 /$mg \cdot mL^{-1}$	CH_3NH_3I 用量/mg	PbI_2 用量/mg
1	135	70	200
2	155	80	230
3	175	90	260
4	195	100	290

称量所需原料 CH_3NH_3I 和 PbI_2 的用量，准备 4 个小烧杯，加入 2mL 的 DMF 溶液，将 4 组混合料分别溶解于 4 组烧杯的溶液中，然后放在磁力搅拌器上，放入一个干净的搅拌子搅拌 0.5h，打开加热板，设置温度为 100℃，将搅拌结束的 4 组溶液倒在 4 个培养皿中，将培养皿置于加热板上加热 5min，溶液挥发完全，留下黑色的沉淀层，取下培养皿冷却。将黑色物质用刀片刮下，然后研磨，最后得到黑色粉末。用样品袋将四组粉末封装起来，进行 XRD 测试。

16.4.3 $CH_3NH_3PbI_3$薄膜制备

薄膜制备方法如下：

（1）玻璃片清洗。裁取玻璃片，用丙酮对玻璃片超声10min，然后用乙醇对玻璃基片超声10min，再用去离子水超声基片5min，然后用清洁的镊子将玻璃基片取出并用干燥洁净的气体将基片吹干。

（2）准备前驱体溶液。将 CH_3NH_3I 和 PbI_2 按 1∶1 比例的浓度混合溶解在 DMF 溶剂中，制备前驱体溶液，在磁力搅拌器上60℃搅拌0.5h。

（3）旋涂仪的准备。按照说明书设置旋涂仪，设置好旋涂仪参数（时间和转速），然后通氮气准备进行旋涂。

（4）旋涂。用吸管吸取前驱体溶液，缓慢旋涂，旋涂完毕，关闭旋涂仪。

（5）高温退火。旋涂完毕后，立即把玻璃基底取下放在加热板上加热一定时间，然后冷却。

观察制备出的薄膜，外观为黑色薄层，薄膜均匀无断裂凸起。对样品进行XRD测试。

16.4.4 前驱体溶液浓度

实验分为4组：A1组前驱体溶液浓度为135mg/mL，A2组前驱体溶液浓度为155mg/mL，A3组前驱体溶液浓度为175mg/mL，A4组前驱体溶液浓度为195mg/mL。

首先用电子天平称量每组所需要的 CH_3NH_3I 和 PbI_2 的量，然后将原料混合溶解于2mL的DMF溶剂中，60℃混合搅拌0.5h，然后将四组溶液放在小试管中，准备进行旋涂；打开加热板设置温度为100℃，当加热板的温度达到100℃时准备旋涂溶液；将清洗过的玻璃片用电吹风干燥，然后置于旋涂仪的旋涂台上，打开氮气阀门，通氮气，抽真空；用吸管吸取预旋涂溶液，开始旋涂，保持匀速，缓慢的滴下溶液，控制速度，30s内完毕，然后关闭旋涂仪，立即取下样品放在100℃的加热板上，加热5min。四组按照相同的实验步骤进行操作。

退火完成后，取下玻璃基片，观察到四组样品上有一层黑色的薄膜层，若无黑色的薄膜层或者薄膜不均匀则重新操作。最后用样品袋把四组成功的样品封装。

16.4.5 热退火温度

实验分为4组，B1组热退火温度为80℃，B2组热退火温度为90℃，B3组热退火温度为100℃，B4组热退火温度为110℃。

配制4组试液，浓度为175mg/mL，DMF溶剂为2mL。按照2.3.1实验步骤准备实验用品和仪器，设置旋涂时间30s，旋涂速率为3000r/min，进行操作。B1组溶液旋涂完毕后，置于80℃的加热板上退火5min，取下玻璃片，冷却；B2组溶液旋涂完毕后，置于90℃的加热板上退火5min，冷却；B3组溶液旋涂完毕后，100℃退火5min，冷却；B4组溶液旋涂完毕后，110℃退火5min，冷却。

试验结束后观察4组玻璃片，玻璃基底上钙钛矿成膜均匀，且是一层黑色的薄膜附在玻璃片上，若无黑色的薄膜层或者薄膜不均匀则重新操作。最后用样品袋把4组成功的样品封装。

16.4.6 旋涂速率

实验分为 4 组，C1 组旋涂速率为 1000r/min，C2 组旋涂速率为 2000r/min，C3 组旋涂速率为 3000r/min，C4 组旋涂速率为 4000r/min。

配置 4 组试液，浓度为 175mg/mL，DMF 溶剂为 2mL。按照前两组实验步骤进行操作，设置加热板为 100℃，旋涂 30s。C1 组设置旋涂速率 1000r/min，旋涂完毕后立即放在 100℃加热板上退火，退火 5min，退火完毕后冷却；C2 组设置旋涂为 2000r/min，退火温度为 100℃，退火 5min，冷却；C3 组设置旋涂速率为 3000r/min，退火温度为 100℃，退火 5min，退火完毕后冷却；C4 组设置旋涂速率为 4000r/min，退火温度为 100℃，退火 5min，退火完毕后冷却。

实验结束后观察四组样品，若无黑色的薄膜层或者薄膜不均匀则重新操作。

C1 组样品薄膜颜色为黑色，膜较厚，薄膜均匀无凸起断裂；C2 组薄膜相比较于第一组稍薄一点，颜色黑色，薄膜均匀；C3 组和 A 组 B 组相像，玻璃片上一层黑色薄膜层，薄膜均匀；C4 组旋涂出来的薄膜较浅，隐约可以看到黑色的薄膜层。将四组样品用样品袋封装。

16.5 实验注意事项

（1）注意实验室实验中按照指导老师要求实验；

（2）注意实验过程中的安全，如电、水、火，实验中的试剂如酸、碱的使用；

（3）注意实验结束后卫生打扫等。

参 考 文 献

[1] 王福芝．平面异质结有机-无机杂化钙钛矿太阳能电池研究进展［J］．物理学报，2015（3）：1-3.

[2] 曹久鹏．钙钛矿太阳能电池的研究进展［J］．齐鲁工业大学学报，2015，929：8-9.

[3] 钱柳，丁黎明．钙钛矿太阳电池的工作机理及性能的主要影响因素［J］．高等学校化学学报，2015（36）：596-597.

[4] 刘成．钙钛矿太阳能电池的研究进展［J］．化工进展，2014（12）：3247-3248.

[5] 梁栋．钙钛矿太阳能电池的研究进展［J］．现代化工，2015（9）：17-18.

实验 17　等离子体烧结制备技术

17.1　实 验 目 的

（1）了解放电等离子体烧结（SPS）的基本原理；
（2）熟悉放电等离子体烧结设备及制备流程。

17.2　等离子体烧结技术原理

等离子体是宇宙中物质存在的一种状态，是除固、液、气三态外物质的第四种状态。所谓等离子体就是指电离程度较高、电离电荷相反、数量相等的气体，通常是由电子、离子、原子或自由基等粒子组成的集合体。

处于等离子体状态的各种物质微粒具有较强的化学活性，在一定的条件下可获得较完全的化学反应。之所以把等离子体视为物质的又一种基本存在形态，是因为它与固、液、气三态相比无论在组成上还是在性质上均有本质区别，即使与气体之间也有着明显的差异。

首先，气体通常是不导电的，等离子体则是一种导电流体，而又在整体上保持电中性。第二，组成粒子间的作用力不同，气体分子间不存在静电磁力，而等离子体中的带电粒子之间存在库仑力，并由此导致带电粒子群的种种特有的集体运动。第三，作为一个带电粒子系，等离子体的运动行为明显地会受到电磁场影响和约束。

需要说明的是，并非任何电离气体都是等离子体。只要当电离度大到一定程度，使带电粒子密度达到所产生的空间电荷足以限制其自身运动时，体系的性质才会从量变到质变，这样的“电离气体”才算转变成等离子体；否则，体系中虽有少数粒子电离，仍不过是互不相关的各部分的简单加和，而不具备作为物质的第四态的典型性和特征，仍属于气态。

等离子体一般分两类。第一类是高温等离子体或称热等离子体（亦称高压平衡等离子体）。此类等离子体中，粒子的激发或是电离主要是通过碰撞实现，当压力大于 1.33×10^4Pa 时，由于气体密度较大，电子撞击气体分子，电子的能量被气体吸收，电子温度和气体温度几乎相等，即处于热力学平衡状态。第二类是低温等离子体（亦称冷等离子体）。在低压下产生，压力小于 1.33×10^4Pa 时，气体被撞击的几率减少，气体吸收电子的能量减少，造成电子温度和气体温度分离，电子温度比较高（10^4K）而气体的温度相对比较低（$10^2\sim10^3$K），即电子与气体处于非平衡状态。气体压力越小，电子和气体的温差就越大。

放电等离子烧结（Spark Plasma Sintering）简称 SPS，是近年来发展起来的一种新型的快速烧结技术。该技术是在粉末颗粒间直接通入脉冲电流进行加热烧结，因此有时也被称为等离子活化烧结（Plasma Activated Sinteriny，PAS）或等离子体辅助烧结（Plasma Assister Sinteriny，PAS）。

该技术是通过将特殊电源控制装置发生的 ON-OFF 直流脉冲电压加到粉体试料上，除了能利用通常放电加工所引起的烧结促进作用（放电冲击压力和焦耳加热）外，还可有效利用脉冲放电初期粉体间产生的火花放电现象（瞬间产生高温等离子体）所引起的烧结促进作用，通过瞬时高温场实现致密化的快速烧结技术。

放电等离子烧结由于强脉冲电流加在粉末颗粒间，因此可产生诸多有利于快速烧结的效应。其相比常规烧结技术有以下优点：

（1）烧结速度快；

（2）改进陶瓷显微结构和提高材料的性能。

放电等离子烧结融等离子活化、热压、电阻加热为一体，升温速度快、烧结时间短、烧结温度低、晶粒均匀、有利于控制烧结体的细微结构、获得材料的致密度高，并且具有操作简单、再现性高、安全可靠、节省空间、节省能源及成本低等优点。

SPS 烧结机理目前还没有形成较为统一的认识，其烧结的中间过程还有待于进一步研究。SPS 的制造商 Sumitomo 公司的 M. Tokita 最早提出放电等离子烧结的观点，他认为：粉末颗粒微区还存在电场诱导的正负极，在脉冲电流作用下颗粒间发生放电，激发等离子体，由放电产生的高能粒子撞击颗粒间的接触部分，使物质产生蒸发作用而起到净化和活化作用，电能储存在颗粒团的介电层中，介电层发生间歇式快速放电。

目前一般认为：SPS 过程除具有热压烧结的焦耳热和加压造成的塑性变形促进烧结过程外，还在粉末颗粒间产生直流脉冲电压，并有效利用了粉体颗粒间放电产生的自发热作用，因而产生了一些 SPS 过程特有的现象。

由于其独特的烧结机理，SPS 技术具有升温速度快、烧结温度低、烧结时间短、节能环保等特点，SPS 已广泛应用于纳米材料、梯度功能材料、金属材料、磁性材料、复合材料、陶瓷等材料的制备。

17.3 实验设备

以 SPS-1050 设备为例。SPS 系统包括一个垂直单向加压装置和加压自动显示系统，以及一个电脑自动控制系统、一个特制的带水冷却的通电装置和支流脉冲烧结电源、一个水冷真空室和真空/空气/氢气/氧气/氩气气氛控制系统、各种内锁安全装置和所有这些装置的中央控制操作面板。

放电等离子烧结系统示意图如图 17-1 所示。

SPS 利用直流脉冲电流直接通电烧结的加压烧结方法，通过调节脉冲直流电的大小控制升温速率和烧结温度。整个烧结过程既可在真空环境下进行，也可在保护气氛中进行。烧结过程中，脉冲电流直接通过上下压头和烧结粉体或石墨模具，因此加热系统的热容很小，升温和传热速度快，从而使快速升温烧结成为可能。

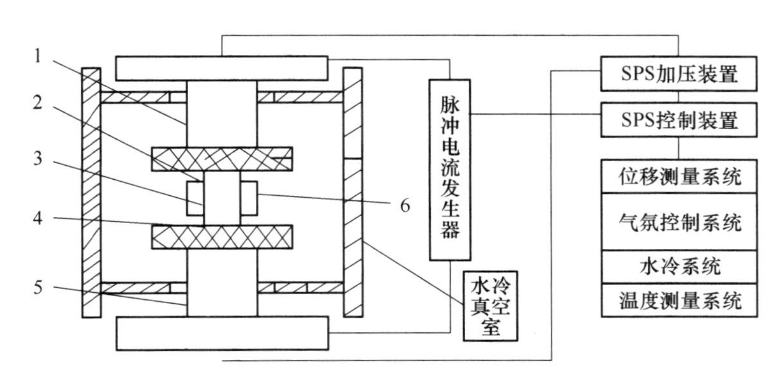

图 17-1　放电等离子烧结系统示意图

1—上电极；2—下电极；3—粉末；4—下压头；5—下电极；6—模具

17.4　等离子体烧结技术的工艺流程

等离子体烧结技术工艺流程如图 17-2 所示。

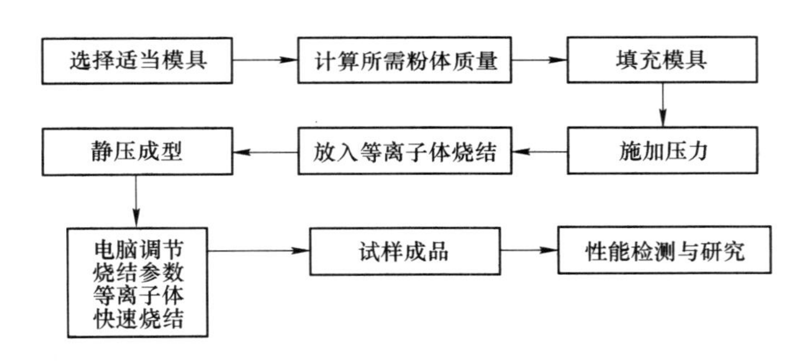

图 17-2　等离子体烧结技术工艺流程

主要控制参数有：

(1) 烧结气氛。烧结气氛对样品烧结的影响很大（真空烧结情况除外），合适的气氛有助于样品的致密化。在氧气气氛下，由于氧被烧结物表面吸附或发生化学反应作用，使晶体表面形成正离子缺位型的非化学计量化合物，正离子空位增加，同时使闭口气孔中的氧可直接进入晶格，并和氧离子空位一样沿表面进行扩散，扩散和烧结加速。当烧结由正离子扩散控制时，氧化气氛或氧分压较高并有利于正离子空位形成，促进烧结；由负离子扩散控制时，还原气氛或较低的氧分压将导致氧离子空位产生并促进烧结。在氢气气氛下烧结样品时，由于氢原子半径很小，易于扩散并有利于闭口气孔的消除，氧化铝等类型的材料于氢气气氛下烧结可得到接近于理论密度的烧结体样品。

(2) 烧结温度。烧结温度是等离子快速烧结过程中关键参数之一。烧结温度的确定要考虑烧结体样品在高温下的相转变、晶粒的生长速率、样品的质量要求，以及样品的密度要求。一般情况下，随着烧结温度的升高，试样致密度整体呈上升趋势，这说明烧结温度对样品致密度程度有明显的影响，烧结温度越高，烧结过程中物质传输速度越快，样品越容易密实。但是，温度越高，晶粒的生长速率就越快，其力学性能就越差。而温度太低，样品的致密度就很低，质量达不到要求。温度与晶粒大小之间的矛盾在温度的选择上要求一个合适的参数。延长烧结温度下的保温时间，一般都会不同程度地促进烧结完成，完善样品的显微结构，这对黏性流动机理的烧结较为明显，而对体积扩散和表面扩散机理的烧结影响较小。在烧结过程中，一般保温仅 1min 时，样品的密度就达到理论密度的 96.5%以上，随着保温时间的延长，样品的致密度增大，但是变化范围不是很大，说明保温时间对样品的致密度虽然有一定的影响，但是作用效果不是很明显。但不合理地延长烧结温度下的保温时间，晶粒在此时间内急剧长大，加剧二次重结晶作用，不利于样品的性能要求，而时间太短会引起样品的致密化下降，因此需要选择合适的保温时间。

（3）升温速率。时间升温速率的加快，可使得样品在很短的时间内达到所要求的温度，晶粒的生长时间会大大减少，这不仅有利于抑制晶粒的长大，得到大小均匀的细晶粒陶瓷；还能节约时间、节约能源以及提高烧结设备的利用率。但是，由于设备本身的限制，升温速率过快对设备会造成破坏性影响。因此应在可允许的范围内尽可能地加快升温速率。但是，由实测的实验数据发现，与烧结温度和保温时间不同，升温速率对样品致密度的影响显示出相反的结果，即随着升温速率的增大，样品致密度表现出逐渐下降的趋势。有学者提出这是因为在烧结温度附近升温速率的提高相当于缩短了保温时间，因而样品致密度会有所下降。

1）在实际的高温烧结过程中，升温过程一般分为三个阶段，分别为从室温至 600℃左右、600~900℃左右、900℃至烧结温度；

2）第一阶段是准备阶段，升温速率相对比较缓慢；

3）第二阶段是可控的快速升温阶段，升温速率一般控制在 100~500℃/min；

4）第三阶段是升温的缓冲阶段，该阶段温度缓慢升至烧结温度，保温时间一般是1~7min，保温后随炉冷却，冷却速率可达 300℃/min。

（4）压力。压力对烧结的影响主要表现为素坯成型压力和烧结时的外压力。从烧结和固相反应机理容易理解，压力越大，样品中颗粒堆积就越紧密，相互的接触点和接触面积增大，烧结被加速。这样能使样品得到更好的致密度，并能有效抑制晶粒长大和降低烧结温度。因此选择的压力一般为 30~50MPa（实验允许的最大值）。不过有研究表明，当烧结时外压力为 30MPa 和 50MPa 时，样品的致密度相差并不大，这说明致密度随压力增大的现象仅在一定范围内较为明显。

以上说明，烧结温度、保温时间、升温速率构成了影响烧结体微观组织的主要因素。其中烧结温度和保温时间对烧结体微观组织影响最为显著，升温速率次之，烧结过程中压力对样品的微观组织的影响最小。

17.5　实验步骤

实验步骤如下：

（1）根据所需制备样品与原料制备实验方案；

（2）按比例称取一定量的反应物样品；

（3）利用球磨机将反应物样品充分混合均匀；

（4）将样品烘干，手工研磨使其颗粒尽量细小均匀；

（5）将混好的样品装入模具；

（6）在 SPS 炉中烧结。

17.6 数据采集分析

数据采集分析如下：

（1）按照 SPS 工艺设计要求，将烧结温度、压力、位移、真空度、电压、电流等参数记录下来，30s 一组。

（2）按需求选取其中的参数制成图表。

（3）对图表加以分析讨论，根据实验情况改进实验方案。

17.7 思 考 题

（1）SPS 烧结技术与传统的烧结技术有什么不同？

（2）SPS 烧结技术有哪些优缺点？

参 考 文 献

[1] 张东明，傅正义．放电等离子体烧结（SPS）技术特点和应用［J］．武汉工业大学学报，1999（12）：15-17.

[2] 李纹霞，鲁燕萍，等．等离子体烧结与等离子体活化烧结［J］．真空电子技术，1998（1）：17-23.

[3] 彭金辉，张利波，张世敏．等离子活化烧结技术新进展［J］．云南冶金，2000，29（3）：42-44.

[4] 张利波，彭金辉，张世敏．等离子体活化烧结在材料制备中的新应用［J］．稀有金属，2000，6（24）：445-499.

实验 18 蒸发镀膜技术

18.1 实 验 目 的

（1）掌握蒸发镀膜制备薄膜的方法与原理；
（2）学会使用蒸镀设备制备薄膜。

18.2 实 验 原 理

真空镀膜技术在现代工业、近代科学技术中得到广泛的应用。像大家现在所熟知的光学仪器的反射镜、半导体器件中的电极引线、放映灯的冷光镜、激光器谐振腔的高反射膜等都是采用真空镀膜的方法制备的。随着薄膜光学、半导体技术和集成光学等的发展，真空镀膜技术在理论上、工艺上和仪器设备方面都取得了很大的发展，并在集成光学薄膜期间，计算机上存储、记忆用的磁性薄膜，材料表面改性和建筑上使用的隔热保温薄膜，电致控光太阳能薄膜等方面取得了很大的成功。

真空镀膜按其使用技术种类和作用机理可以分成热蒸气、溅射离子镀、束流淀积三种。本实验使用的是真空热蒸发法，其基本原理是将膜料在真空中加热汽化，然后冷凝在基片上面淀积成所需的薄膜。对于固态物质在室温和大气压条件下的蒸发是不明显的；但如果在真空中将它们加热到高温，均能迅速地蒸发。大多数金属先热成液相，然后才有显著蒸发；而有些物质如镁、砷、锌及硫化锌等能从固体升华。为了使蒸发分子在离开蒸发表面后不与容器中剩余气体产生碰撞和化学反应而顺利地到达基片，容器中的真空度要达到使分子的平均自由程大于蒸汽源与淀积薄膜的基片间的距离，因此真空度应优于 10^{-4} Torr（1Torr = 133.322Pa）。

正空热蒸发加热的方式，目前有电阻大电流加热、高频感应加热、电子束加热和激光束加热几种。对于最常用的电阻式加热，多采用高熔点的金属铝土、石墨之类作为蒸发源，其形式有丝源和舟源等。这种方式的优点是简单、使用方便、费用低廉；缺点是不易蒸发高温材料，蒸源对膜料以及形成的薄膜有污染的潜在危险，所镀膜层的附着力与牢固性较差。在本实验中，镀铝采用钨丝绕成螺旋形作为蒸发源，而镀硫化锌是采用钼舟做蒸发源。

为了获得良好的薄膜，必须注意以下几个问题：

（1）不用的物质其熔点和在真空中开始显著蒸发的温度各不相同。如铝在真空中开始显著蒸发的温度为 1460K，银为 1320K，故蒸发源的加热温度应能达到其蒸发温度，而一定质量的蒸发源其升温快慢决定了蒸发速率（指单位时间内从蒸发源飞出去的原子或者分子数）的大小，它对镀膜层晶粒的大小有影响，并影响薄膜的质量。因此，在镀膜过程中要注意控制蒸发速率。

（2）在镀膜过程中对蒸发材料要加热，此时将会有大量吸附在金属或介质中的气体放出，这样真空度会急剧下降，使镀层粗糙、牢固性差，严重影响膜层的质量。为避免镀膜时大量放气，事先需在真空室内对蒸发材料进行热处理，使之放出吸附气体，即“预熔”或“去气”过程。在“预熔”时要用活动挡板将蒸发源挡住，以防“预熔”过程中有蒸发材料到被镀到镀工件上。“预熔”这一步不论对介质材料，还是金属材料都是不可少的。还要强调一点，只要真空室放过气，即使前次已“预熔”过，蒸发过的材料都必须重新进行“预熔”。

（3）基片表面的清洁度是决定镀膜层结构和牢固性的重要因素。因此基片一定要经过严格的清洗，有的膜料还不许对基片加温。

（4）为了镀膜层的厚度均匀分布，让蒸发源与工件的距离远些为好，有条件还可以让工件慢速转动和多对电极位于工件对成的位置同时蒸发。

真空镀膜工艺上除了淀积技术外，还有溅射技术。最早的检测器便是人眼，即所谓“目测法”。对单层减反膜——氟化镁，至今仍有人通过用眼睛观察其反射颜色，来进行膜厚控制。这种方法显然是不十分精确的，不能用于复杂的多层膜系的控制，为此发展了极值法、波长扫描法、石英晶体频移法、双色法、全息干涉法和电学方法与机械方法等，其原理均是适当选取一个随膜层厚度变化的物理量，在镀膜过程中，观测该量的变化，从而直接或间接地监控膜层厚度。这类物理量很多，如膜层的质量、电阻、电容、光密度、反射率以及蒸汽束流浓度以及引起的离子流等。这类物理量很多，膜厚控制方法也多种多样。

对于光学膜的控制来说，最方便而又十分直截了当的还是光电法。它将膜层的光学厚度直接与所需要的光学性质（反射率、透射率之类）联系起来。在光电控制膜层的光学厚度这类方法中，极值法是最简便、直观而又通用的方法，可适用于各种光学膜（吸收膜与介质膜）的监控。我们知道，当某一波长为 λ 的光入射到透明薄膜时，薄膜的投射率或反射率随着膜层厚度 d 的增大存在极大值和极小值，即薄膜的光学厚度 n_d 每增大$\lambda/4$时，薄膜的透射或者反射率交替地出现极大值和极小值。利用它可以判断和控制镀膜的厚度。交流控制法示意图如图 18-1 所示。

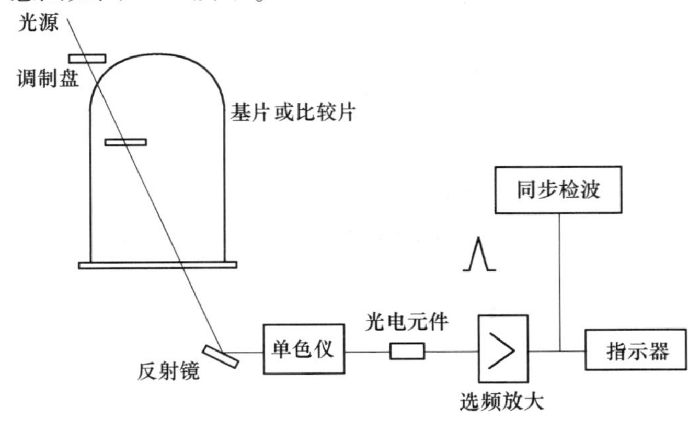

图 18-1 交流控制法示意图

随着镀膜技术的发展，极值法也有很多改进，在这里不作一一叙述。在本实验中，镀硫化锌时采用交流控制法，即将控制光束进行调制，并用选频放大器放大所接收的光电信号，从而避免杂散光和零点漂移的影响。

18.3 实验设备

真空镀膜机是一种能获得真空，并在真空中使金属和介质蒸发从而镀制薄膜的设备。它由两大部分组成：一是在一个较大的容器中获得真空的真空系统；二是镀膜时使金属或介质蒸发的电器系统。本实验使用的是 GD-450 型高真空镀膜机。图 18-2 所示为其真空系统结构。仪器的详细结构和操作规程见实验存放的仪器说明书。

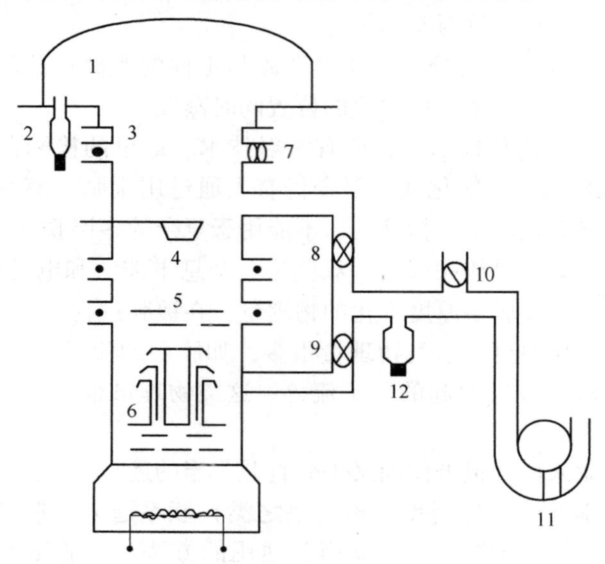

图 18-2 真空系统结构图

1—真空蒸发室；2—电离真空规；3—过渡管道；4—扩散泵阀门；5—水冷挡板；6—油扩散泵；7—真空室放气阀；8，9—管道阀门；10—机械泵放气阀；11—机械泵；12—热偶真空规

18.4 实验内容

实验内容有：

（1）在一块玻璃片上镀制一层铝反射膜。

（2）在玻璃基片上镀硫化锌膜，用极值法控制镀制的硫化锌膜厚度。

18.5 思考题

（1）用真空热蒸发法镀制薄膜时，为什么真空度要优于 10^{-4} Torr （1Torr = 133.322Pa）？

（2）要获得质量好的薄膜，应注意哪些问题？

参 考 文 献

[1] [英] L. 郝兰. 真空镀膜技术 [M]. 北京：国防工业出版社，1962.
[2] 五机部新技术推广所编，794 镀膜会议资料选编，第三册.
[3] 田民波. 薄膜技术与薄膜材料 [M]. 北京：清华大学出版社，2006.
[4] 蔡珣，石玉龙，周建. 现代薄膜材料与技术 [M]. 上海：华东理工大学出版社，2007.

参考文献

[illegible]
[illegible]
[illegible]
[illegible]